《Julia 程式設計：新世代資料科學與數值運算語言》勘誤表

親愛的讀者您好

　　非常感謝您購買並支持本書，預祝您展讀愉快。以下為本書勘誤，請您務必參考！
謹慎是我們的職責所在，因作業疏失導致圖片誤植，深感惶恐，造成貴讀者的不便，深感抱歉，也希望貴讀者繼續
支持接下來的 Julia 程式設計系列書喔！

第 3 章

P048 小練習
「如何產生 α2α2 呢？」有誤，更正為 「如何產生 α_2 呢？」

第 12 章

圖 12-1 有誤，正確圖片如下：

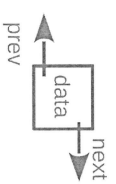

圖 12-2 有誤，正確圖片如下：

圖 12-3 有誤，正確圖片如下：

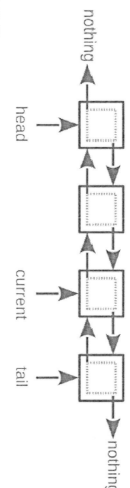

第 17 章

圖 17-2 有誤，正確圖片如下：

經典永恆・名著常在

五十週年的獻禮 —— 經典名著文庫

五南，五十年了，半個世紀，人生旅程的一大半，走過來了。
思索著，邁向百年的未來歷程，能為知識界、文化學術界作些什麼？
在速食文化的生態下，有什麼值得讓人雋永品味的？

歷代經典・當今名著，經過時間的洗禮，千錘百鍊，流傳至今，光芒耀人；
不僅使我們能領悟前人的智慧，同時也增深加廣我們思考的深度與視野。
我們決心投入巨資，有計畫的系統梳選，成立「經典名著文庫」，
希望收入古今中外思想性的、充滿睿智與獨見的經典、名著。
這是一項理想性的、永續性的巨大出版工程。
不在意讀者的眾寡，只考慮它的學術價值，力求完整展現先哲思想的軌跡；
為知識界開啟一片智慧之窗，營造一座百花綻放的世界文明公園，
任君遨遊、取菁吸蜜、嘉惠學子！

適用於 v1.0 版以上

Julia 程式設計

新世代資料科學與數值運算語言　第二版

杜岳華、胡筱薇 ——— 著

五南圖書出版公司 印行

推薦序

在這個日常生活幾乎離不開各種軟體的時代，一波學習程式的熱潮正在展開；而學習程式最好的方式之一，就是參與技術社群。除了在各個社群中常常會舉辦各種程式相關的教學及分享以外，跟技術開發者們交流的機會是能夠讓人學習到最多的。

在這些年主持以及參與了這麼多社群活動之後，相較於台灣大多數的技術社群，由岳華發起的 Julia Taiwan 特別有股親切感。可能是因為跟我們 Taiwan R User Group 一樣，在被應用的領域和早期使用者的組成都有著比起其他程式語言更多元、更不「資工本科」的味道；同樣的，在東吳大學積極推動巨量資料以及資料科學人才培育的筱薇老師，也帶領更多非資訊本科系的學子們認識資料科學的價值。

在這樣龐大的熱情以及專業下所誕生的這本教材，相信能成為由淺入深地學習 Julia 這個新興語言的最佳利器：不管是基礎的資料結構、運算，到使用各式各樣的套件完成工作，或是利用漸漸成為程式開發主流的函數式程式設計（Functional Programming）以及 Metaprogramming 來撰寫高效能的 Julia 程式，本書可說是無所不包。一起來體驗「如 Python 般的程式撰寫，如 C 般的運算效能」的 Julia 吧！

張玉峰

Taiwan R User Group 社群主持人
Microsoft Most Valuable Professional 微軟最有價值專家
現任 MoMagic 資深資料科學家

作者序一

　　近年來資料科學與人工智慧技術大行其道，不少研究領域與創新應用紛紛出爐，相對傳統的科學計算與數值計算領域，已經有不少成熟的演算法與軟體。資料科學，除了需要統計及資料處理的技術外，還非常仰賴基礎的數值運算功能，在大數據的情境下，數值運算的加速更是重要。人工智慧技術也非常仰賴資料科學的分析結果，以及模型運算上的效率。然而傳統科學計算與數值計算領域的研究成果，對資料科學與人工智慧的助益非常大。舉凡矩陣運算、數值分析、應用線性代數或是最佳化方法上的成果都化為一行行的演算法及程式，提供給資料科學家或是機器學習專家，用來建造更為貼近人心的人工智慧產品。

　　資料科學與人工智慧技術很需要數值計算的演算法作為基礎。很自然地，Python 就被選為這些技術的發展平台，近十年來，不少科學運算的功能都挹注在這個語言當中。最重要的兩塊基石可以說是 numpy 及 scipy 套件，提供了很棒的數值運算及科學運算基礎，使用介面上也不算繁雜。然而，這還不夠，當開發者開發出新的功能或是套件時，卻會受限於語言本身的執行效能，而需要以更低階的語言實作來取得效能。

　　程式語言的效率及開發彈性一直是魚與熊掌不可兼得的，選擇了程式效率就勢必放棄開發的彈性，選擇了開發的彈性與速度就勢必放棄執行效率。Julia 語言，作為一個新興語言，同時兼有效能以及開發彈性，吸取了各家語言的優點，並且在語言及編譯器技術上的設計，讓 Julia 成為了兼有效能及彈性的優美語言。Julia 語言設計者一開始著重科學運算以及數值運算上，而將這個語言設計為一個泛用型的語言。對多數的科學家來說，效能是非常需要的，往往一個理論模型的實驗需要數日以上的時間。

對一個非資訊領域的領域專家來說，方便易用的語言會是得心應手的工具，不需要去了解太多的底層細節可以節省非常多的時間，專注在他們自己有興趣的事物上。Julia 語言在設計之初就考慮了非常多的語言特質，讓它在很多面向可以被顧及，成為受到各個領域專家所喜愛的語言，更是資料科學與人工智慧技術的最佳搖籃。

　　作為一個年輕的語言，套件的豐富程度遠遠不及其他發展長久的語言，但是它有一群活潑積極的開發者。在語言發展初期借了不少其他語言來的套件以補足缺少的部分，然後逐漸發展出純 Julia 寫成的套件，一個兼具效能及彈性的套件。以最富名氣的 Flux.jl 深度學習框架為例，它本身是一個純 Julia 實作而成的套件，底層有 GPU 的 CUDA 支援，上層有可拆解組合的模型元件，由於語言本身的特性，套件可以與語言本身無縫接軌，語言本身的特性可以直接被套用在模型上。為了效能及可讀性，一群熱情的開發者正積極地開發著這樣純 Julia 的套件，也為了真正地解決問題。在語言進入穩定之後，套件開發者們更可以放心的實作，期待未來可以看到在這個語言上套件百花齊放的燦爛姿態。

　　在國外的開發者社群開心的討論著這個新興的語言時，台灣卻難掩寂寞。於是我決定自己來發起社群，將好語言介紹給大家。不少在台灣的開發者都不具備相關科系的背景，而且在台灣的環境中比較難培養好的英文能力，這使得廣大而豐富的英文技術資源難以被台灣的開發者所使用。語言的確是個隔閡，技術底蘊更是身為開發者需要修煉的。我也決定在中文的使用者社群中投入自己的心力，撰寫本書，讓更多中文使用者可以接觸到這個語言、理解這個語言。

　　本書的定位是從完全沒有程式基礎的人到有基礎的程式設計師。在書的章節編排上，由淺入深，前 9 個章節是基礎的程式設計篇章，10~12 章節是這個語言的核心觀念，也是比較進階的程式設計方式，會對應到物件導向風格的設計方式，13~15 章節是關於串流及檔案的存取方面，最後的三個章節會晉升到更高層次的討論，介紹物件導向設計、函數式程式設計及 metaprogramming。對於語言的初學者可以不用把書全部看完，可以邊實作專案，有一些實務經驗的同時慢慢閱讀後續的章節。

杜岳華

Julia Taiwan 社群發起人

作者序二

　　在校園裡同學們最常問我的一個問題就是：「老師，我該學哪個程式語言比較好？是 R、是 Julia 還是 Python ？」我的答案是，都好！因為重點不在於選擇，而是當你做出選擇之後的每一個嘗試、學習、堅持、突破與精進，這過程所積累出來的實力，才是你該追求的。為了提供學生更多元的學習場域，引動學習動機，我成立了資料實驗室（Data Lab），並長期與企業合作，透過實際的專案項目培養資料科學人才，同時也定期開設相關課程，鍛鍊同學們的基礎能力，一個因緣巧合，我認識了本書的另一位作者——杜岳華老師，岳華讓我印象非常深刻，是個有想法、有才華、有熱情、有能力，堅持理想並付諸行動的年輕人，有一次他跟我說，希望有更多人認識 Julia 的這個語言，更希望台灣在國際 Julia 社群中的能見度可以提高！我聽了非常感動，也跟著熱血了起來！於是，我們在資料實驗室中開設了 Julia 程式語言的課程，接著就是撰寫本書，讓更多中文使用者可以認識這個資料科學語言中的新星—— Julia 。

　　這個時代的學習和過去很不一樣，有太多的新知識與新技術排山倒海的湧入，就像這幾年大家常常在談的 IoT、Big Data、ML、AI、Blockchain，似乎沒有人能明確又清楚的告訴你那些是什麼？它沒有教科書，也沒有結論，因為這一切都還在發展與演化當中，不過可以肯定的是，倘若我們仍舊以過去的學習態度和方法，要能夠跟上這個時代，掌握這些趨勢，肯定很困難，那我們該如何因應呢？既然確定性的知識愈來愈少，那就保持開放的頭腦與心胸吧！當我們思考世界的角度愈多，你的未來就充滿了無限可能。

　　最後，我想引用 Ratatouille 的經典台詞，並稍做修改來鼓勵各個領域的朋友：

「Not everyone can become a great Data scientist, but a great Data scientist can come from anywhere.」

衷心祝福各位讀者！

東吳大學巨量資料管理學院副教授和學院的人工智慧應用研究中心主任，是個 Data Watcher，也是個 Data Player，近年來致力於巨量資料探勘以及社群網路分析應用之研究。

目錄

CONTENTS

PART
1

從幾個重要的
問題開始

Julia 是什麼樣的程式語言？

01

1. 程式語言介紹

　　世界上的程式語言有上千種，但是最常用的、耳熟能詳的不過是其中的少數。程式語言可以說是現代工程師的最佳武器，舉凡從網頁設計到後端系統設計，甚至是資料庫或是作業系統，都是藉由程式語言來完成的。在網頁設計中可能會用到 Javascript，以及後端的 PHP。如果是要寫 Microsoft 系列或是在 Windows 上跑的程式，會需要 C# 或是 ASP.NET 架構的幫忙。要撰寫可以在 Mac 上執行的程式會需要 Swift。如果是寫 Android 系列的 app，就需要熟悉 Java。如今資料分析跟機器學習的人會使用 Python、MATLAB 或是 R。操作資料庫會需要 SQL 語言。不要忘了效能極佳的 C 和 C++，這兩個語言對於作業系統發展有極大的貢獻。在作業系統上，需要有可以跟系統互動的語言，像是 Linux 系統上就有 Bash。

　　程式語言就是一個非常強大的計算機，一般計算機只能計算單一的數學式，工程用計算機可以計算更複雜的微積分，而程式語言可以處理的範圍超乎你的想像，我們可以利用程式語言設計出任何的軟體。

　　按照某個程式語言撰寫的程式碼並不能直接驅動電腦的運算。很多程式碼是需要經過編譯（compile）的過程，而執行這個過程的軟體，我們稱為編譯器（compiler）。程式碼經過編譯之後會產生目的碼（object code）或是執行檔（binary file），執行檔則是可以直接執行的檔案格式。也有另一類程式碼是可以直接執行的，程式碼會經過直譯（interpret）的過程將程式碼翻譯成電腦可理解的形式，執行這個過程的軟體，我們稱為直譯器（interpreter）。

2.Julia 語言介紹

　　Julia 是個新興的程式語言，由 Jeff Bezanson、Stefan Karpinski、Viral B. Shah 和 Alan Edelman 四人共同設計，在 2009 年開始這個專案，

並在 2012 年發表。他們希望打造一個這樣的程式語言：

　　我們想要一個開源的語言，擁有自由的版權。我們想要 C 的速度和 Ruby 的動態。我們想要有一個語法與內在表示有一致性（homoiconic）的語言，並且像 Lisp 一樣擁有真的巨集，但是擁有像 MATLAB 一樣熟悉好懂的數學符號。我們也想要像 Python 一樣好用的泛用型程式語言，處理統計要和 R 一樣，處理字串要和 Perl 一樣地自然，要有和 MATLAB 一樣強大的線性代數功能，串接程式要如同 shell 一樣好用。要學習的東西極致簡單，同時能讓大多數認真的程式設計師寫起來開心。我們希望它是互動式的而且也是可編譯的。

　　在 2017 JuliaCon 年會中，發表了 Celeste 專案，專案主要是協助在太空照片中尋找星系，分析了 178 TB 的太空影像資料，在僅僅 14.6 分鐘當中，分辨 1.88 億個太空物件，這個專案完全以 Julia 語言寫成，並使用了 1,300 萬個執行緒，最高效能達到了 1.54 千兆浮點運算（petaFLOPS）的極致表現。Julia 的巔峰效能讓它與 C 、 C++ 和 Fortran 同為千兆浮點數運算的一員。

　　達成這樣的成果主要是結合了複雜的平行運算排程演算法，還有最佳化單核心的計算效能，單核心的計算效能與前一個版本相比增進了約 1,000 倍。

3.Julia 是個怎麼樣的語言？

　　Julia 語言最大的特色就是它同時兼具高效能與高階的語法。「Write like Python, run like C.」 更是它的代名詞。高效能是 Julia 語言的品質保證，在科學運算上，有極大的需求，無論是要計算複雜的科學方程式，還是處理統計模型，或是處理數據量極大的運算。人類都在追求更高效能的運算方式，有的人從演算法的改進下手，有的人從硬體的效能下手，少數人從編譯器的技術下手。Julia 就是一個藉由語言設計及編譯器技術上取得成功的最佳典範。

Julia 語言的初衷是為了科學運算，但是它的適用範圍不僅僅是科學運算，從資料處理到經濟學模型，從網站開發到嵌入式系統，甚至是自己設計一個程式語言，都有它的蹤跡。Julia 語言已經是一個泛用型語言（general purpose language），就如同其他高階語言一樣，其他語言做得到的它也做得到。

Julia 語言非常專注在數值運算上，使用者大多是來自不同領域的專家，所以對於不同領域專家的友善程度是非常重要的，增進程式的可讀性可以大大提高對非電腦科學專業者的友善程度。提高可讀性成為程式設計的重要一環，希望讓各領域專業人員都可以讀懂程式的內涵。

程式語言上，有不同的程式寫作風格，這稱為程式設計典範（paradigm），像是物件導向程式設計 (object-oriented programming)、函數式程式設計 (functional programming)、邏輯式程式設計 (logic programming)、泛型程式設計 (generic programming) 等等典範。Julia 語言支援多典範 (multi-paradigm) 的程式設計風格，它支援基於多重分派 (multiple dispatch) 的 (類) 物件導向程式設計、程序式程式設計 (procedural programming)、函數式程式設計與 metaprogramming，本書後續會一一介紹。

內建有套件管理器是 Julia 語言的一大特色，以往的程式語言需要額外安裝套件管理器，並且透過套件管理器來安裝及移除所需要的套件，甚至有些語言不具備套件管理器，需要自行管理安裝的套件，這會給使用者帶來非常大的不便。內建套件管理器可以提供使用者在安裝及移除套件上的便利性，查詢套件也變得非常方便。內建套件管理器的設置是整個語言生態系非常重要的基石，在整個語言及套件的發展上，可以相當快速的讓使用者找到他們需要的套件，並促進整體發展。

Julia 語言在一開始的設計上就考慮了平行運算，它讓使用者可以非常簡單的將程式平行化。平行運算與分散式運算是 Julia 語言的核心功能之一，優雅的語法設計讓使用者可以善用執行緒及行程進行平行運算，並且內建叢集管理器，讓使用者可以簡單地達成分散式運算。

也就是說，創建者為了實現 Julia 的理想，遵循了以下策略：

- **更高效的運算速度：**Julia 使用 LLVM 編譯器框架進行即時編譯（JIT），因此在某些情況下，Julia 可以接近甚至達到 C 語言的運算速度。
- **採用更直接的語法：**Julia 語法的簡潔程度可以與 Python 媲美，雖然簡潔，但是表現力很強。
- **動態型別：**你可以指定變數的型別，如「無符號的 32 位整數」。你也可以創建具有層次結構的型別來處理特定型別變數。例如：編寫一個接受整數的函式而不指定整數的大小。最後，如果在特定的情境中不需要型別，你可以完全不輸入型別。
- **可以載入 Python 和 C 的套件：**Julia 可以直接載入 C 語言和 Python 編寫的套件（Package），也可以透過 PyCall 這個套件與 Python code 進行互動，此外，Python 和 Julia 之間的資料可以共享。
- **metaprogramming：**Julia 程式可以生成其他的 Julia 程式，甚至可以修改自己的程式碼，就像 Lisp 這樣的語言一樣。

4. 為什麼我要用 Julia ？

▶ **雙語言問題**（two language problem）

往往在設計編譯器上是較困難的。 需要編譯的語言通常會有較佳的效能，相對在程式的撰寫上是嚴謹的， 嚴謹的撰寫風格、較差的可讀性以及繁複的低階操作使得開發速度非常緩慢。不需要編譯的語言通常會有較方便的高階操作，在程式的撰寫較為自由，這使得開發速度較為快速，但是執行效率不高。

當開發團隊在開發初期時，非常需要快速開發進而驗證想法的可行性，藉由不斷的開發及修改現有的程式來一步一步實現想法的原型，然而在開發的後期，程式將近成熟，已經不需要加入大量新的程式碼，也不需要大幅修改現有的程式碼，程式的執行效率顯得愈來愈重要，使用者也會感受到程式效率的差別。如此一來，一個開發團隊就需要擅長兩種以上不同程式語言的人，一種是專注於快速開發程式語言的團隊，另一種是專注程式效率最佳化的團隊，這大幅增加了開發團隊的成本。

　　Julia 語言的使用，可以讓開發團隊兼有快速開發及程式效率兩者的優點，開發團隊不需要額外學習其他語言。

▶ Julia 適合我嗎？

　　Julia 適合以下這幾種人：

- 高度需要密集運算的人
- 需要設計複雜的演算法的人
- 需要高度平行運算或是分散式運算的人
- 希望從零開始設計系統的人

5.Julia 與 Python 的不同之處？

　　Julia 與 Python，兩種程式語言在資料科學領域各有千秋，以下我們為大家做個綜合比較。

▶ Julia 與 Python 的區別

1. Julia 索引值是從下標 1 開始，而不是從 0 開始。
2. 索引列表和數組的最後一個元素，Julia 使用結束 end，Python 則使用 -1。
3. for、if、while 等區塊的結尾需要 end，但不強制要求縮排。
4. Julia 沒有分行語法支援：如果在一行的結尾，輸入已經是個完整的表達式，就會直接執行，或是繼續等待輸入。

▶ Julia 相對 Python 的優勢

　　Julia 從一開始就是為科學和數值計算而設計的。因此，Julia 在此領域具有眾多優點也就不足為奇。它的優點如下：

1. 速度更快：Julia 的 JIT 編譯和型別宣告意味著它可以比未優化的

Python 快速，雖然 Python 可以透過 PyPy 或者 Cython 等方式進行加速，但 Julia 從設計之初就具有天然的速度優勢。

2. **友善的數學語法：** Julia 的主要目標群眾是科學計算語言的使用者，因此，Julia 的數學運算語法看起來更像普通數學公式，使用者容易掌握。

3. **自動記憶體管理：** 記憶體管理，是指軟體執行時對電腦記憶體資源的分配和使用的技術。其最主要的目的是如何高效、快速的分配，並且在適當的時機釋放和回收記憶體資源。Julia 不需要使用者關心分配和釋放記憶體的細節，它提供了一系列針對垃圾回收的方法。這樣的好處在於，假設你從 Python 轉移到 Julia，你依然可以享有 Python 一樣的便利。

4. **平行性：** 充分利用機器上全部的可用資源，特別是多核心、數學和科學計算領域能夠迅速發展，Python 和 Julia 都支持平行運算。但是，在平行計算方面，Julia 的語法比 Python 簡單，這樣降低了使用門檻，能夠得到更廣泛的應用。

▶ **Python 相對 Julia 的優勢**

Python 是一種易於學習的通用型程式語言，已經發展成為科學計算領域的主力軍，Python 之所以能夠在資料科學領域占據重要地位，得益於它的下列優勢：

1. **Julia 的索引從 1 開始：** 這個特性表面上看問題不大，但是我們不能排除它潛在的風險。在大多數語言言中，包括 Python 和 C 語言，數組的第一個元素通常用 0，例如：字串 [0] 表示 Python 字串中的第一個字元。但是 Julia 則使用 1 作為數組中的第一個元素，它這樣做的原因是為了迎合一些數學和科學研究者的習慣。

2. **豐富的第三方套件：** Python 數量龐大且實用的第三方套件是它能夠吸引大量開發者的殺手鐧。Julia 語言自 2009 年以來一直處在開發階段，並且一路上增減了許多功能。雖然在 2018 年 8 月發布 1.0 版，穩固了語言基礎，但套件的豐富程度仍有一段路要走，憑藉著活躍的開發社群套件的開發任務正在迎頭趕上。

3. **Python 具有龐大的社群優勢：**如果程式語言沒有一個強大、活躍的社群支持，那麼它的根基是不扎實的。雖然 Julia 的社群發展迅猛，但是和 Python 社群的規模相比，依然不值一提。

4. **學習資源：**在網路上可以隨手搜尋到 Python 相關的學習資源，但 Julia 可參考的學習資源相對少而艱澀。顧慮到中文使用者社群，筆者發起了 Julia Taiwan 社群，聚集眾人的力量推動一些學習資源的中文化，以及累積中文學習資源，培養中文使用者。

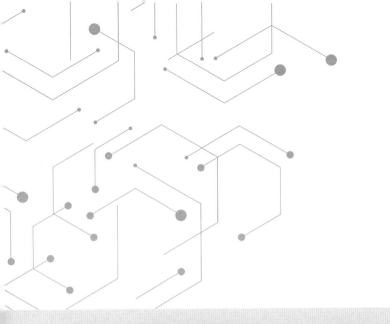

02

走入 Julia 的世界

1. 認識 Julia

▶ 安裝 Julia

　　接著就要帶大家走進 Julia 的世界，我們將會一步一步帶著大家安裝 Julia 語言。我們可以透過瀏覽器連上 julialang 的官網 https://julialang. org/，圖 2-1 是官網的畫面：

圖 2-1　julia 官網

　　我們可以看到圖 2-1 上方有兩個大大的按鈕，點擊 Download 進入下載頁面。圖 2-2 可以看到 Julia 的下載頁面，請選擇相對應的作業系統平台，在這邊提供 Windows、MacOS 及 Linux，分別有 32 及 64 位元版本。點擊相對應版本之後將會自動下載。

Download Julia

If you like Julia, please consider starring us on GitHub and spreading the word!

Star 20,980

We provide several ways for you to run Julia:

- In the terminal using the built-in Julia command line.
- In the browser on JuliaBox.com with Jupyter notebooks. No installation is required -- just point your browser there, login and start computing.
- Using Docker images from Docker Hub maintained by the Docker Community.
- JuliaPro by Julia Computing includes Julia and the Juno IDE, along with access to a curated set of packages for plotting, optimization, machine learning, databases and much more (requires registration).

Current stable release (v1.1.0)

	32-bit		64-bit	
Windows Self-Extracting Archive (.exe) [help]	32-bit		64-bit	
	Windows 7/Windows Server 2012 users also require Windows Management Framework 3.0 or later			
macOS 10.8+ Package (.dmg) [help]			64-bit	
Generic Linux Binaries for x86 [help]	32-bit (GPG)		64-bit (GPG)	
Generic FreeBSD Binaries for x86 [help]			64-bit (GPG)	
Source	Tarball (GPG)	Tarball with dependencies (GPG)		GitHub

圖 2-2　讀者可依自己的作業系統選擇下載的版本

目前我們示範的是 Julia 1.1.0 版，如圖 2-3。

julia-1.1.0-win64.exe
6.9/48.9 MB，還剩 54 秒

圖 2-3　下載 1.1.0 版

　　下載完成後請點擊安裝程式，進行安裝。圖 2-4 這邊可以讓你選擇安裝的路徑，接著按下「Install」就會自動進行安裝（如圖 2-5），請耐心等待它安裝完成。

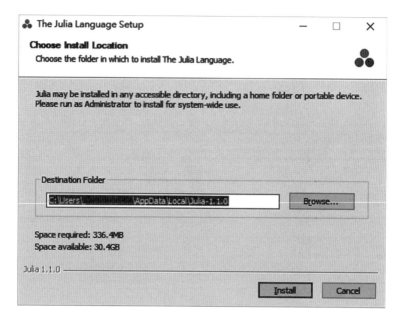

圖 2-4   選擇安裝路徑

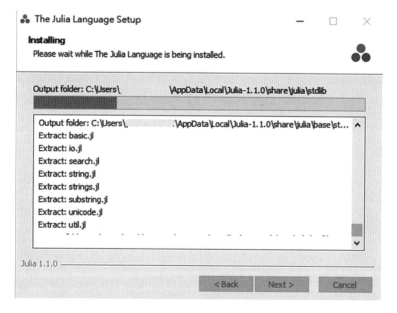

圖 2-5   安裝中

　　下載完成後會出現圖 2-6 之畫面，第一個選項是自動開啟 Julia 安裝的資料夾路徑，第二個選項是在開始選單中加入捷徑，第三個選項是在桌面加入捷徑，我們將三個選項都勾選起來。

圖 2-6　勾選選項以完成安裝

　　按下圖 2-6 中的「Finish」 完成安裝步驟，就可以點擊桌面上的 Julia 程式。

▶ Julia 命令列

　　開啟 Julia 後，我們會看到 Julia 命令列，圖 2-7 是 Julia 命令列的畫面。

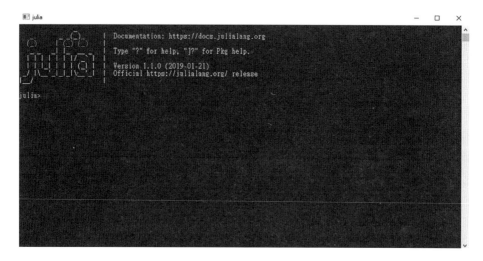

圖 2-7　Julia 命令列的畫面

　　一開始進入 Julia 命令列，會是一般的 REPL（read-eval-print loop）互動模式。我們可以在這個模式下鍵入 Julia 的程式語法，並且馬上執行，命令列會立即執行並回傳執行完的結果。當有疑問時，我們可以鍵入？就會切換到幫助模式（help mode）。在這個模式下，我們可以鍵入想要查詢的指令或是語法，按下 Enter 鍵 之後，就可以查到相對應的語法。如果要退出幫助模式，只需要按下退回鍵（Backspace）就可以回到互動模式。

▶ **套件管理器**

　　在 Julia 語言當中，與其他語言不一樣的是，他有內建套件管理器。對於很多語言來說，套件管理器是屬於第三方的套件，由第三方志願者負責開發。但在 Julia 的生態來說，套件管理器是由官方負責開發，所以容易與 Julia 語言的各個套件跟開發環境互相整合，免去使用者在安裝套件上的麻煩。

　　Julia 語言內建套件管理器，可以讓我們非常輕鬆的安裝相關套件。我們可以在 Julia 命令列中鍵入] 便會進入套件模式（package mode）。若要退出套件模式，只需將] 刪除即可。

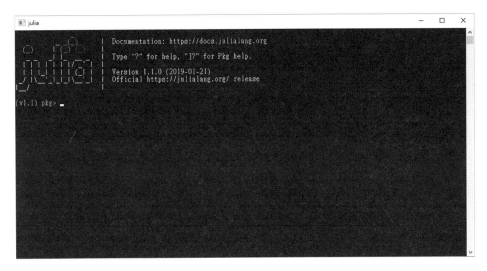

圖 2-8　Julia 內建的套件管理器

在 Julia 上使用套件管理器相當容易，如果需要套件升級，我們可以打上「update」（圖 2-9），按下 Enter 之後便開始更新套件（圖 2-10）。

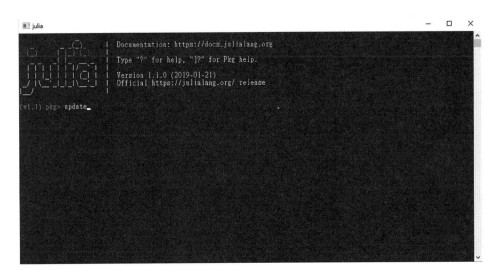

圖 2-9　打上「update」來更新套件

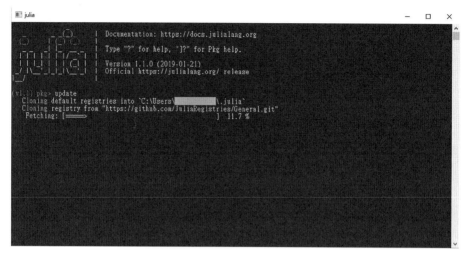

圖 2-10　更新套件中

　　如圖 2-11 所示，Julia 會連上網路開始更新套件列表，它會將網路上有註冊的 Julia 套件做狀態更新，所以往後在使用套件的時候就會是最新的套件。

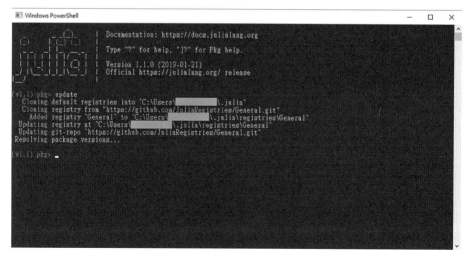

圖 2-11　套件更新完成

　　我們可以由其他方式來安裝套件。套件管理器本身就是一個套件，我們可以利用 using Pkg 來載入套件管理器。在使用套件管理器的場景，我們可以使用 update 來更新我們的套件列表。

In [1]:
```
using Pkg
```

In [2]:
```
Pkg.update()
```

```
  Updating  registry at `~/.julia/registries/General`
  Updating  git-repo `https://github.com/JuliaRegistries/General.git`
Resolving  package versions...
Installed  Parsers ————————————————— v0.2.20
Installed  DocStringExtensions —— v0.7.0
Installed  DiffEqJump ————————————— v6.1.1
Installed  WebSockets ————————————— v1.4.0
Installed  Tables ——————————————————— v0.1.18
Installed  Clustering ————————————— v0.12.3
  Updating  `~/.julia/environments/v1.1/Project.toml`
[no changes]
  Updating  `~/.julia/environments/v1.1/Manifest.toml`
  [aaaa29a8] ↑  Clustering v0.12.2 ⇒ v0.12.3
  [c894b116] ↑  DiffEqJump v6.1.0 ⇒ v6.1.1
  [ffbed154] ↑  DocStringExtensions v0.6.0 ⇒ v0.7.0
  [69de0a69] ↑  Parsers v0.2.18 ⇒ v0.2.20
  [bd369af6] ↑  Tables v0.1.17 ⇒ v0.1.18
  [104b5d7c] ↑  WebSockets v1.3.1 ⇒ v1.4.0
```

　　在 Julia 中，套件管理器 Pkg 是為一個獨立的套件，需要先將套件載入。接下來，Pkg.update() 會經由網際網路先更新現有套件的資訊，例如：版本號，若是有較新版本號，便會自動下載新的套件進行安裝。在相依套件（dependencies）的部分也會一併處理。在安裝的過程，包含了下載套件的原始碼，以及建構（build）套件的過程，建構的過程會去呼叫建構用腳本 deps/build.jl。

想要安裝新套件，例如套件名稱為 Foo.jl 的話，可以使用：

In [ ]:

```
Pkg.add("Foo")
```

add Foo

想要移除套件的話則是：

In [ ]:

```
Pkg.rm("Foo")
```

或是在套件模式使用：

rm Foo

　　在安裝套件的當下，套件管理器會自行下載套件並且建構它，在有些情況可能會導致套件建構失敗，如果需要手動建構套件的話，可以使用：

In [ ]:

```
Pkg.build("Foo")
```

或是在套件模式使用：

build Foo

套件建構完成之後，可以測試套件：

In [ ]:

```
Pkg.test("Foo")
```

或是在套件模式使用：

test Foo

　　測試套件會將套件當中的測試程式碼執行過，並且回報測試通過的數量及一些相關訊息。

　　若是希望知道目前安裝了哪些套件，以及版本號，可以使用以下指令：

In [ ]:

```
Pkg.status( )
```

或是在套件模式使用：

status

　　套件管理器的基本使用及介紹就到這邊，如果需要進一步的訊息，可以到 Julia 官方文件（https://docs.julialang.org/en/v1/）查詢。

2. 認識 Jupyter

　　Jupyter notebook 是一個以網頁為基礎的開源（開放原始碼）開發環境，允許資料科學團隊如筆記一般地撰寫程式，同時顯示運算結果。更棒的是，它支援 Markdown 標記語言與 Latex 數學式的撰寫。自 2014 年推出以來，風靡資料科學生態圈，包含 Google 與 Microsoft 也分別在 Jupyter notebook 之上建立了 Google Colaboratory 與 Azure notebook 解決方案。其中 Jupyter 的 Ju 為 Julia 語言，py 則是 python 語言，r 則是 R 語言，代表由三方社群合力開發的專案成果，而專案則是由 NumFOCUS 科學基金會所贊助。

▶ **安裝 Jupyter 及 IJulia**

　　Jupyter 專案是由 IPython 專案演變而來，主要支援 Python 語言與 Python 虛擬環境，目前也支援超過 40 種程式語言。我們如果要在 Jupyter 當中使用 Julia 的話，就需要安裝 IJulia 套件。IJulia 是 Jupyter 的語言核心（kernel），它可以在 Jupyter 上支援 Julia 相關的語法、環境等等功能。安裝 IJulia 可以在剛剛的套件模式下操作，我們在命令列鍵入「add IJulia」（圖 2-12）。

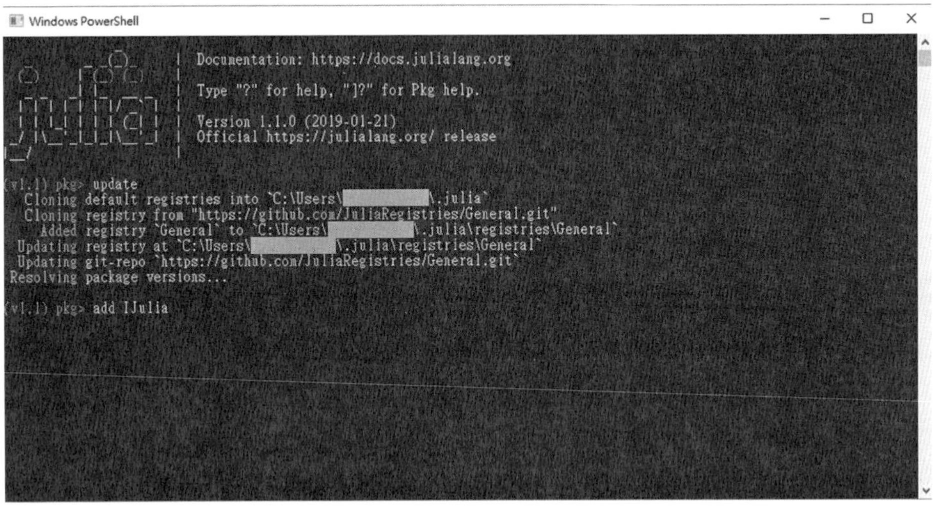

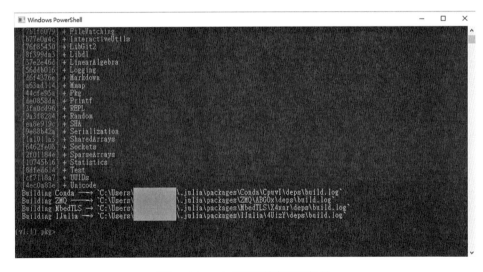

圖 2-12　鍵入「add IJulia」

　　按下 Enter 鍵之後，它就會自動到網路上下載相關的套件，並且將相關的套件都安裝起來（圖 2-13）。

圖 2-13　上網下載相關套件

安裝完成之後，我們要來介紹如何使用 IJulia 套件。首先要切換回互動模式，並且鍵入「using IJulia」來載入套件（圖 2-14）。

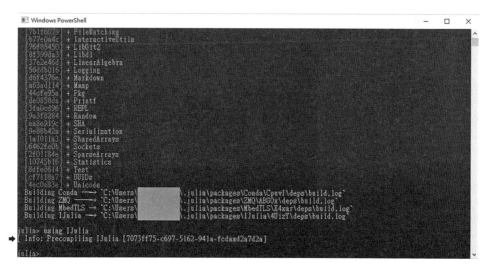

圖 2-14　於互動模式鍵入「using IJulia」

每當做完套件安裝或更新後，在第一次載入套件時會進行預編譯（precompile）的動作，此時會在畫面中看到 [Info: Precompiling IJulia…… 的字樣，如圖 2-15 的箭頭處。

圖 2-15　第一次載入套件會進行預編譯

接著，要開啟 Jupyter，請鍵入「notebook()」來開啟（圖 2-16）。

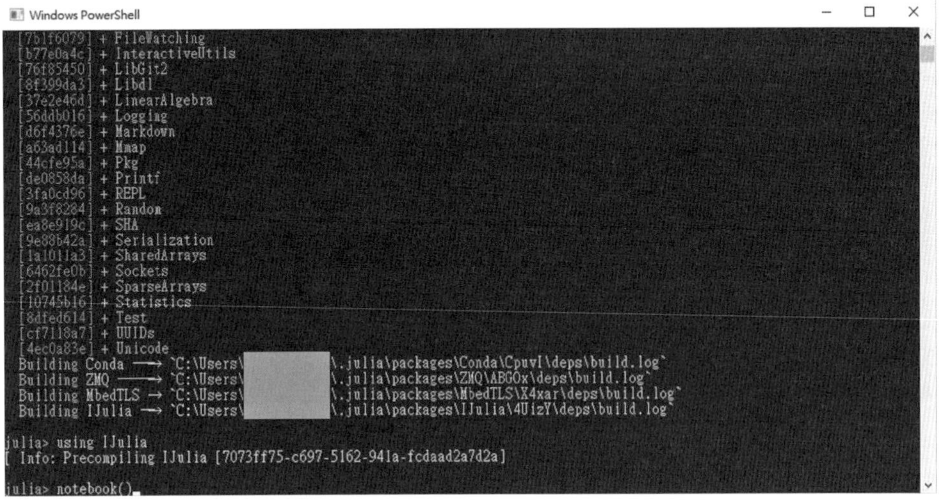

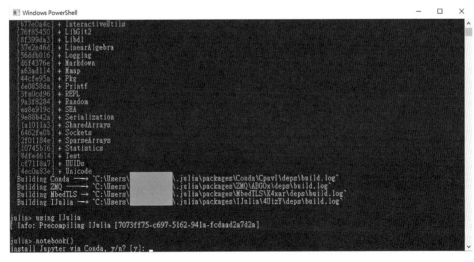

圖 2-16　鍵入「notebook()」來開啟 Jupyter

在安裝 IJulia 之後，會詢問要不要安裝 Jupyter，程式預設「是」，只需要按下 Enter 鍵就會開始安裝（圖 2-17）。

圖 2-17　安裝 Jupyter

在安裝 Jupyter 的同時也需要安裝 conda 的環境，此時 Julia 會安裝 miniconda（圖 2-18）。

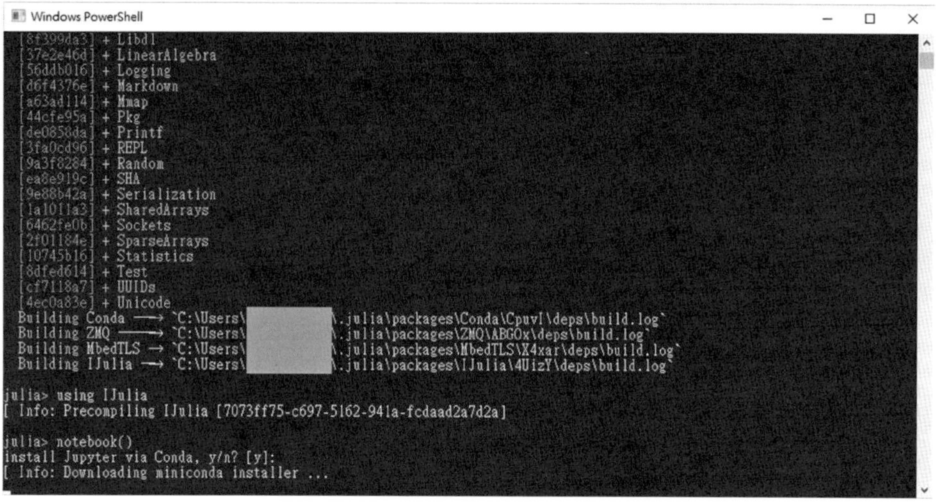

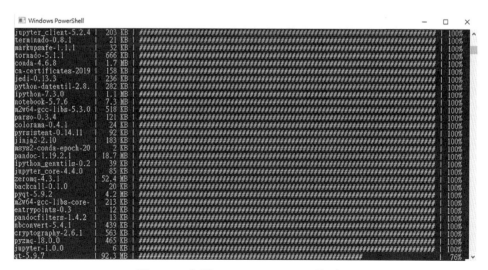

圖 2-18　安裝 miniconda

在安裝 Jupyter 的畫面如圖 2-19，過程中需要耐心等待。

圖 2-19 安裝 Jupyter 需要一些時間

安裝完成後，電腦的預設瀏覽器會自動開啟 Jupyter（圖 2-20），並且顯示目前所在路徑。

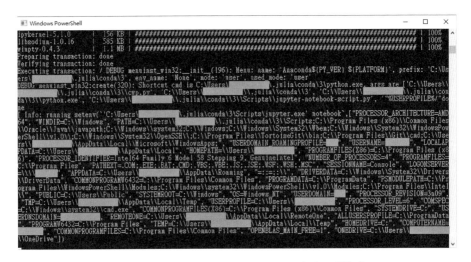

圖 2-20　Jupyter 自動開啟的畫面

Julia 命令列的畫面此時會呈現圖 2-21 的狀態，請不要關閉命令列，否則 Jupyter 將會被關閉。確定不需要使用 Jupyter 時再關閉視窗。

圖 2-21　Jupyter 開啟時，Julia 命令列的畫面

我們可以在 Jupyter 畫面（圖 2-20）的右上角找到「New」這個按鈕
（圖 2-22），點擊後選擇 Julia，就會開啟一份 notebook 頁面。

圖 2-22 點選「New」來開啟

▶ Jupyter notebook 環境介紹

　　Jupyter notebook 頁面如圖 2-23 所示，可以分成上面的工具列和下
方的編輯區，下方編輯區的方塊，稱為「cell」，我們可以在方塊裡面打
上 println("Hello Julia!")，並且同時按下鍵盤的 Shift 和 Enter 鍵來執行
（圖 2-24）。

圖 2-23　Jupyter notebook 頁面

在圖 2-24 的畫面中，我們可以發現在 cell 前方的中括弧有個星號，代表著這個 cell 正在執行中。在畫面右上角的 Julia 1.1.0 旁邊的圓圈也會轉成黑色實心（圖 2-24 箭頭處），代表這份 notebook 正在執行。

圖 2-24　執行 println（"Hello Julia!"）中

執行完成之後，我們會立即看到執行的結果顯示在該 cell 的下方（圖 2-25），代表我們成功完成第一次 Julia 的執行了！

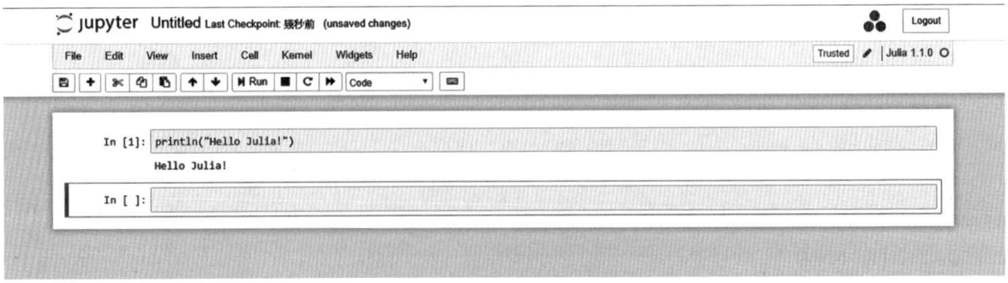

圖 2-25　執行結果

如果想要讓 notebook 在指定位置開啟，只需要在開啟 notebook 的時候，在小括弧內打上 dir=" 你指定的位置 "。圖 2-26 示範在桌面的 My julia 資料夾開啟 notebook。

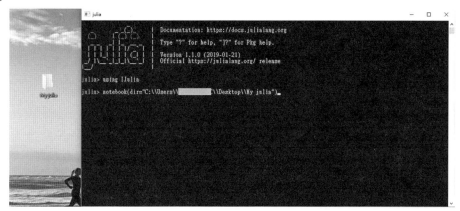

圖 2-26　設定 notebook 的指定位置

除了 notebook 以外，還有一個新版的畫面是 Jupyter lab，IJulia 也有支援。我們只需要將指令換成 jupyterlab() 即可（圖 2-27），它也可以指定開啟位置，方式跟 notebook 是一樣的。

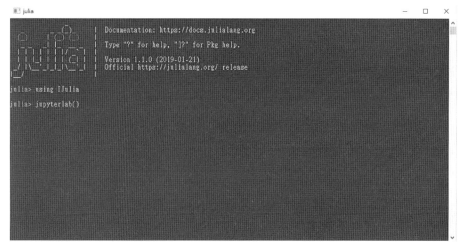

圖 2-27　輸入 jupyterlab()

　　Jupyter lab 的畫面（圖 2-28）。編輯區的部分移到了右邊。我們後續會使用 Jupyter 環境中的呈現方式，帶著大家學習 Julia 語言。

圖 2-28　Jupyter lab

3. 我的第一支 Julia 程式

　　讓我們回到你的第一支 Julia 程式，就是在 cell 中輸入 println("Hello World!") 並執行。

In [1]:
```
println("Hello  World!")
```
Hello　World!

　　我們可以看到結果顯示 Hello World! 的字串在終端機上，接下來，我們來解釋一下這段程式碼到底做了什麼事：

　　首先，看到 println 的部分，這是一個讓終端機可以印出指定字串的指令，並且在印出字串後加一個換行。你可以透過後面的小括號來指定需要印出的字串，在 Julia 中，字串需要以雙引號括起來，就像 "Hello World!"。你可以自行更動字串內的文字，這樣 Julia 就會幫你印出不同的文字喔！

▶ **註解**

接下來，我們來介紹**註解（Comments）**，當我們在寫程式的時候，可能花了非常多的程式段落來完成一件事情，所以我們可能需要去說明這個程式段落做了些什麼事情，這個時候，我們就會把說明寫在註解當中，所以註解會成為程式當中非常重要的一個部分。當註解沒有被好好撰寫時，別人很可能就看不懂我們的程式，或是需要花非常多的時間來閱讀程式。 往往一支程式被閱讀的時間總是比修改的時間要多， 所以讓人看得懂程式是很重要的一件事情，況且要先看得懂才有辦法改程式。

In [1]:

```
# 這個叫作單行註解
```

這個叫做單行註解，它是一個 # 字號開頭的文字列，# 後面打上你需要的說明。註解可以放在程式的任何地方，但是註解後的所有文字都會被視為註解的一部分。編譯器並不會去理會註解後的所有文字，程式執行期間，所有的註解都會被跳過不執行。

In [3]:

```
# println("Hello World!")
```

像這樣把程式碼註解起來，執行它，就什麼都不會發生。

 小叮嚀

　　良好的程式習慣：說明文字與 # 號中間夾有一個空白可以提升閱讀品質。

我們常常會撰寫像這樣的程式碼，但不會每一行都加上註解：

In [4]:

```
print("Hello World!")    # 不會自動換行
```

Hello   World!

print 會執行的動作只有印出字串，並不會在尾端加上換行。

▶ 跳脫字元

要在程式或是字串上表示換行時，我們找不到一個明顯的符號來表示它。在程式語言當中會用 \n 來代表換行符號。這類的符號稱為跳脫字元，會以反斜線作為開頭，用來表示一些無法被字母表直接表示的符號。其他常用跳脫字元，像是 \t 代表定位鍵（Tab 鍵），\" 則是代表雙引號。其餘的跳脫字元可以在附錄的跳脫字元表中找到。

In [5]:

```
print("Hello World!\n")   # 等價於 println("Hello World!")
```

Hello   World!

我們可以試試看在字串的尾端加上 \n 來達到換行的效果。

以下是多行註解，註解的內容需要夾在 #= 與 =# 之間，所以夾在這兩個符號中間的部分，都不會被編譯器看見。

In [6]:

```
#=
當然你可以寫多行註解
=#
```

4. 電腦是一台計算機

你可以把電腦想成一台非常強大的計算機，當然它擁有計算機的功能。程式語言則是你可以跟電腦溝通對話的方式，透過程式語言，你可以將你想表達的事物轉成一行行的程式碼交由電腦幫你完成。

Julia 支援基本的加減乘除，還有次方的運算。在 Julia 中，運算符號非常直覺，跟我們一般看到的數學沒有差太多。

▶ 加法運算

加法符號（+）兩邊需要是數字，也就是**數字 + 數字**。

In [7]:

```
2 + 5
```

Out[7]:
7

▶ 減法運算

減法符號（-）兩邊需要是數字，也就是**數字 - 數字**。

In [8]:

```
2 - 5
```

Out[8]:
-3

▶ 乘法運算

乘法符號（*）兩邊需要是數字，也就是**數字 * 數字**。

In [9]:

```
3 * 8
```

Out[9]:
24

▶ 除法運算

以上是除法運算，除法符號（/）兩邊需要是數字，也就是**數字 / 數字**。

In [10]:

```
8 / 3
```

Out[10]:
2.6666666666666665

在 Julia 中，除以數字 0 是允許的，它會計算成無限大（Inf）。

In [11]:

```
8 / 0
```

Out[11]:
Inf

小叮嚀

　　運算子前後的空白多寡是不影響語法的，所以 1+1、1+ 1、1 +1 或是 1 + 1 都是可以順利執行的。但是為了閱讀上的便利性，筆者傾向寫成 1+1，會有比較好的閱讀效果。

　　你可能會發現以上運算的數字都不含有小數點，那是我們刻意安排的，在程式語言當中，整數跟小數是有分別的。

　　整數就是不含有小數點的數字，然而小數在程式語言當中不叫小數，它稱為**浮點數**，浮點數則是有包含小數點的數。

　　你會發現整數與浮點數相加的結果是一個浮點數，其實浮點數可以表示的數字比較多，這時我們會說「表示範圍較大」，所以在 Julia 內部，會將整數先轉成浮點數，再執行浮點數的加法。

小叮嚀

　　一般來說，不同的東西是不能一起做運算的。不過在 Julia 中，會自動幫你做轉換。

In [12]:

```
5.2 # 這是浮點數
```

Out[12]:
5.2

In [13]:

```
5.0 # 這也是浮點數
```

Out[13]:
5.0

小練習

(1) 既然電腦是台計算機,那們我們就來練習計算一些有用的東西吧!我們可以來計算一下溫度攝氏轉華氏,假設現在的溫度是攝氏 25 度,那麼相當於是華氏多少度呢?以下提供公式:

$$華氏\ (°F) = \frac{9}{5} \times 攝氏\ (°C) + 32$$

或許讀者可以先進行手算,得到正確答案是華氏 77 度。讀者可以試著將公式寫成一小段程式碼執行看看有沒有符合正確答案喔。

(2) 我們來試試看使用 Julia 寫個簡單的應用程式吧!

身體質量指數(Body Mass Index,簡稱 BMI)是公認用來估計肥胖程度的方法。接下來,我們會透過這個程式範例,帶大家一步一步開發一個 BMI 計算機。

BMI 值計算公式:

$$BMI = \frac{體重(kg)}{身高(m)^2}$$

例如:一個 52 公斤,身高是 155 公分的人,則 BMI 為:

$$BMI = \frac{52}{1.55^2} = 21.6$$

＊提示：平方運算子爲＾，例如 2 的 3 次方可以寫成 2^3

5. 型別與值

我們可以用 typeof 這個函數來查看它是什麼樣的型別，如下，在 cell 中輸入 typeof(5) 來看看 5 是什麼樣的型別。

In [15]:

```
typeof(5)
```

Out[15]:
Int64

在 Julia 語言中，每個東西或是值都有它自己的**型別（Type）**，而型別是程式語言中相當重要的一個概念跟元素，像剛剛我們提到的整數跟浮點數也是一種型別。

從以上的程式，我們可以看到 5 的型別是 Int64。Int 是 integer（整數）的縮寫，而後方的數字 64 則代表它用了多少位元的空間來儲存這個**值（Value）**。它告訴我們，5 是一個整數，用了 64 位元的空間來儲存 5 這個值。

試試看，輸入 typeof(10) 的結果，你可以看到 10 也是整數，也用了 64 位元的空間來儲存這個值。

In [16]:

```
typeof(10)
```

Out[16]:
Int64

兩個整數相加後的值也是個整數。

In [17]:

```
typeof(5 + 5)
```

Out[17]:
Int64

兩個整數相加後的值也是個整數。

In [18]:

```
typeof(5 * 5)
```

Out[18]:
Int64

但是一個浮點數跟一個整數相加的結果就成了浮點數呢！我們可以看到型別是 Float64。Float 是 floating-point number（浮點數）的縮寫，而後方的數字 64 則代表它用了多少位元的空間來儲存這個值。它告訴我們，這是一個浮點數，用了 64 位元的空間來儲存這個值。

In [19]:

```
typeof(5.0 + 5)
```

Out[19]:
Float64

看起來是不是很好玩呢？大家可以自己試試看不同的組合，看看它們是什麼型別喔！

小練習

練習判斷看看以下情況，運算完會是什麼樣的型別呢？可以用程式測試看看，你的答案是不是對的呢？

- typeof(1.2 + 3)

- typeof(9 * 9)
- typeof(3.0 - 0)
- typeof(3 - 0)
- typeof(9.9 * 9)
- typeof(9 / 3)
- typeof(9.1 / 3)
- typeof(9 / 2)
- typeof(9 / 3 + 5)

6. 讓我們把數字存下來

　　程式語言強大的第一步就是有變數的設計，這個變數與數學上的變數概念不太一樣，數學上的變數通常指的是未知的數，而程式語言裡面的變數則是一個把計算結果存下來的空間，當一個計算結果被存在變數裡的時候，可以被一再的取用。

▶ 變數

　　這邊的 x 是一個**變數（Variables）**，等號是指定的意思，也就是說，上面這行程式碼的意思是**把 5 指定給 x**。那麼這時候 x 就是 5 這個數字。

In [20]:

```
x = 5
```

Out[20]:
5

　　如果你問 Julia 「x」 是什麼，它會毫無猶豫地回答 5。

In [21]:

```
x
```

Out[21]:
5

如果你問 x 的型別是什麼，那等於是在問 5 的型別是什麼？

In [22]:
```
typeof(x)
```

Out[22]:
Int64

如此一來，我們就可以很輕易的用變數來代表一個概念或是一個值。每當我想要對變數做計算時，等於是在對變數所指派的值做計算。每當我想要對變數做計算時，等於是在對變數所指派的值做計算。因此，當我們執行 x - 3.0 的時候，等同於執行 5 - 3.0，由於 3.0 為浮點數的型別，因此，結果會以浮點數型別來呈現 2.0。

In [23]:
```
x - 3.0
```

Out[23]:
2.0

我們甚至可以將計算完的值重新指定給新的變數。當我們執行 x = x+5 的時候，等同於執行 x = 5+5，結果呈現 10。

In [24]:
```
x = x + 5
```

Out[24]:
10

以上這一段程式碼所做的計算是，先將變數 x 加上 5，再將計算完的結果重新指定給變數 x。注意在這邊等號並不是數學上的等號，也就是說等號並**不是相等的意思**，而是**指定、指派**的意思。

小叮嚀

等號不是相等的意思，而是指定的意思。

▶ **變數命名**

變數的命名非常重要。好的命名可以讓程式碼更有表達力，程式語言的命名是有它的規則的。

變數開頭可以是字母（A-Z or a-z）、底線或是 Unicode（要大於 00A0），至於變數名稱的內容組成則可以由大小寫字母、數字、底線或是 Unicode 組成。

但請勿以保留字（reserved word）或是語法作為變數名稱。

運算符號也可以是合法的變數名稱，例如 +，通常用於指定函式。

以下列出合法及不合法的變數名稱：

- ＿123abc（合法）
- AaBb123（合法）
- 1abc_（以數字開頭不合法）
- +abc（以運算子開頭不合法）
- else（以語法作為變數名稱不合法）
- δ（合法）
- 我（合法）
- ♡（合法）

Julia 中的保留字包含：

begin, while, if, for, try, return, break, continue,
function, macro, quote, let, local, global, const, do,
struct, abstract, typealias, bitstype, type, immutable,

module, baremodule, using, import, export, importall,
end, else, catch, finally, true, false

▶ 使用變數的範例

在前面的練習當中有沒有把題目解出來呢？我們現在來進一步擴充
BMI 計算的功能，讓它成為一支程式。一般來說，我們會希望使用者可以
隨著自己的狀況來輸入不同的身高體重的數值，來計算 BMI 數值。這時候
我們會需要一個輸入框來讀取使用者輸入的數值。接著，被輸入到程式當
中的數值需要進一步的運算。運算完畢後，BMI 數值要以什麼樣的方式提
供給使用者，這些都是需要考量的點。

首先，我們需要一個輸入框，可以藉由 readline 函式獲得。

In [25]:

```
readline()
```

Out[25]:
"123"

readline 會跳出一個可輸入的介面讓你輸入各種文字，直到你按下
Enter 鍵為止。讀者會發現 readline 讀取到的是 123 並且以雙引號括起來
的文字，我們可以將它存在變數中。

In [26]:

```
x = readline()
```

Out[26]:
"123"

這樣我們就可以將使用者輸入的資料儲存下來了。

In [27]:

```
x
```

Out[27]:
"123"

　　但是這個資料的型態是文字，是沒有辦法被計算的形式，我們需要將它轉成有辦法計算的數值。我們可以透過 parse(Float64, x) 來進行轉換，將文字轉換成數值。

In [28]:

```
parse(Float64, x)
```

Out[28]:
123.0

　　讀者會發現，在使用上，我們可以直接使用變數 x 來運算，而不必打數字。文字也被很好的轉換成數值了，這下我們需要把轉換好的數值也存下來，我們可以把它存回 x 身上。

In [29]:

```
x = parse(Float64, x)
```

Out[29]:
123.0

　　如此，新的數值就會覆蓋掉先前的文字。變數 x 所儲存的值也就被更新了。

In [30]:

```
x
```

Out[30]:
123.0

　　接下來我們需要考慮如何呈現計算完畢的數值。我們可以用 println 的方式將數值印出來。為了使用者方便理解我們需要加上一些說明文字，像是這樣：

　　，你的 BMI 指數為：

　　相對應的程式碼就會是：

```
println(name, "，你的 BMI 指數為：", BMI)
```

　　我們可以在 println 中使用逗點區隔不同的東西。完整的程式碼如下：

In [31]:

```
println(" 請輸入你的姓名 ")
name  = readline()
println(" 請輸入你的身高（公尺）")
height = readline()
height = parse(Float64, height)
println(" 請輸入你的體重（公斤）")
weight = readline()
weight = parse(Float64, weight)
BMI = weight / (height^2)
println(name, "，你的 BMI 指數為：", BMI)
```

請輸入你的姓名
請輸入你的身高（公尺）請輸入你的體重（公斤）
Tom，你的 BMI 指數為：23.148148148148145

　　我們在一開始印出提示字樣 println（" 請輸入你的姓名 "）並且請使用者輸入姓名。輸入的姓名資料會被儲存到 name 當中。接著請使用者輸入身高與體重，分別都需要在一開始印出提示字樣，然後利用 readline 來做讀取，最後用 parse 做轉換。當我們把資料都蒐集完整後，我們就可以進行 BMI 的計算。最後，我們將結果印在螢幕上。

　　我們這樣就完成了 BMI 計算機程式了！讓我們繼續往下一步邁進吧！

上手 Julia

1. 變數

▶ 變數的概念

　　在電腦中的**變數（variable）**與數學上的變數有相似卻又不同的概念。數學上，我們會設定一個變數來代表一個概念，或是一個數字。通常我們在數學上會將變數拿來做運算，或是作為架構方程式的基礎元素。在代表概念這點上，電腦中的變數的確有著這樣的概念。電腦中的變數的確可以拿來代表一個概念或是一個物件，不同的是，電腦中的變數卻無法用來架構方程式，進而解出方程式的解答。在抽象的程度上還是有所不同。

　　另一方面，電腦中的變數其實會存在於記憶體中。精確地描述，電腦的記憶體會區分出一塊空間，這塊空間當中的位元資料代表著某個數字，而這個數字則是變數現存的值。變數會因為運算而改變，在經過各種演算法的步驟後，變數當中儲存的數值會不斷地變化，直到運算結束。變數的另一個特性就是可以將數值暫存下來，以便之後的運算使用。在記憶體中儲存的這些數值會在程式結束執行之後被清空。

▶ 記憶體概念

　　我們在程式當中所使用的變數都會儲存在記憶體中。每個變數都會俱備**名稱（name）**、**型別（type）**、**位元大小（size）**以及**值（value）**。當執行以下敘述時：

```
In [1]:
x = 5
Out[1]:
5
```

　　x 會做為這個變數的名稱，相對應的值則是 5。在 Julia 中，使用者即便不指定型別，編譯器便會自動去辨識這個值相對應的型別是什麼，所以在產生這個變數的當下，編譯器已經知道了它是個 Int64 的型別，並且為它安排了 64 位元的記憶體空間作為存放空間。想當然耳，生成愈多的變數便會占去愈多的記憶體空間。

In [2]:

```
y = 7
```

Out[2]:
7

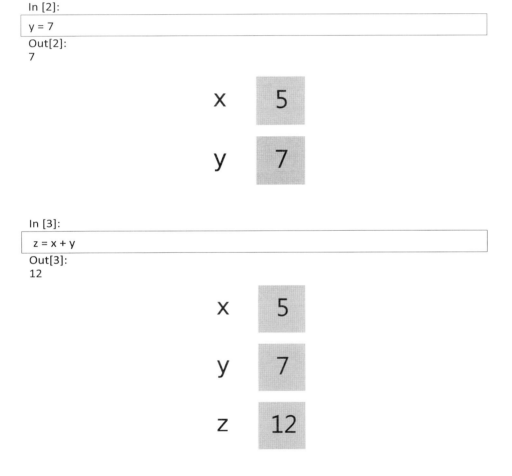

In [3]:

```
z = x + y
```

Out[3]:
12

▶ 支援類 LaTeX 作為變數名稱

這也是 Julia 極為有特色的功能之一，使用者可以在 Julia 命令列或是 jupyter notebook 中照著以下的方法打出類似 LaTex：

在 cell 中輸入 \delta。

In [ ]:

```
\delta
```

按下 Tab 鍵，會發現 delta 的符號出現。

In [ ]:

```
δ
```

小練習

如何產生 α2α2 呢？

首先，在 cell 中輸入 \alpha。

In [ ]:

```
\alpha
```

按下 Tab 鍵，會出現 α。

In [ ]:

```
α
```

在 α 的後方接著 _2。

In [ ]:

```
α\_2
```

按下 Tab 鍵，則會出現 α2。

In [ ]:

```
α
```

我們可以使用 α2 作為合法的變數名稱。

In [4]:
```
α₂ = 0.23
```
Out[4]:
0.23

小叮嚀

如果要做上標 2，可以使用 \^2。下標的前置符號是 _ ，上標則是 ^ 。

▶ **支援 Unicode 作為變數名稱**

這是 Julia 極為有特色的功能之一，一般的程式語言只有支援 ASCII 字碼表可以作為變數名稱，但是 Julia 支援了更廣泛的 Unicode 作為變數名稱。以下的變數名稱是合法的：

In [5]:
```
δ = 0.00001
```
Out[5]:
1.0e-5

In [6]:
```
안녕하세요 = "Hello"
```
Out[6]:
"Hello"

In [7]:
```
哈囉 = "Hello"
```
Out[7]:
"Hello"

In [8]:

```
おはよう = "Good morning"
```

Out[8]:
"Good morning"

 小叮嚀

命名指南：
- 建議變數命名都用小寫。
- 字跟字之間請用底線隔開，像 lower_case，不過不鼓勵使用底線，除非影響到可讀性。

2. 數字

我們接下來會正式地詳細介紹在 Julia 中有支援的**數字（numbers）**型別。

數字可以分成：

- 整數（Integer）
- 浮點數（Floating-point number）
- 常數表示法

Julia 還有支援：

- 有理數（Rational number）
- 複數（Complex number）

▶ 整數

整數（integer）有分成不同位元大小的版本。不同位元大小的意思是會以不同的位元來儲存一個整數，比較多位元可以表示的整數範圍較大，相對較少的位元占的記憶體空間較少，可以表示的整數範圍也較小。

我們可以看到表 3-1，表中顯示了不同整數的位元版本，最小的 8 位元到最大的 64 位元，可以看到它們的表示範圍大小並不同，像是 Int8 的表示的範圍會從負值 -2^7 到正值 2^7-1。它是整數當中用的位元最少的整數，然而可以表達的範圍也最小。

表 3-1　不同整數的位元版本（摘錄自 Julia 官方網站）

型別	是否帶有正負號？	位元大小	最小值	最大值
Int8	T	8	-2^7	2^7-1
Uint8	F	8	0	2^8-1
Int16	T	16	-2^{15}	$2^{15}-1$
Uint16	F	16	0	$2^{16}-1$
Int32	T	32	-2^{31}	$2^{31}-1$
Uint32	F	32	0	$2^{32}-1$
Int64	T	64	-2^{63}	$2^{63}-1$
Uint64	F	64	0	$2^{64}-1$
Int128	T	128	-2^{127}	$2^{127}-1$
Uint128	F	128	0	$2^{128}-1$
Bool		8	false	true

一般來說，整數都會包含正負號的表示範圍，我們稱為**有符號整數**（signed integer），然而也有是表現 0 及正值範圍的整數型別，我們稱為**無符號整數**（unsigned integer），這些整數型別可以表達的正值範圍會是有符號整數的兩倍。

整數型別的使用上，一般會遵循系統預設值，如果有需要最佳化記憶體的使用或是運算的效能，就會去調整整數的位元大小以及有無符號。

如果沒有特別宣告的話，會依據系統位元數決定

如果沒有特別宣告，整數的位元大小會由系統預設值決定，一般來說，64 位元的電腦會使用 Int64，32 位元的電腦會使用 Int32。

我們可以用以下程式碼來測試看看你的電腦預設使用的整數位元大小

是多少：

In [9]:

```
Int
```

Out[9]:
Int64

　　Int 代表的是整數本身，並沒有預設位元大小，而系統回應的是 Int64，則代表筆者的電腦是使用 64 位元的電腦。

我能不能使用其他型別的數字？

　　要使用其他位元版本的整數型別，只需要改成 型別（數字） 的樣子即可，像是：

In [10]:

```
Int8(10)
```

Out[10]:
10

　　以上是使用 Int8 型別來宣告數字 10，所以這是一個 Int8 型別的數字 10。

有符號及無符號整數

　　在電腦中，符號的有無是指有沒有一個位元來代表正負號。通常系統預設的整數是有符號的整數。無符號的整數會表示 0 以及一系列的正整數。相較有符號整數，無符號所能表示的正整數的數目約是有符號整數的兩倍。如果想轉換有無符號整數的話，可以參考以下函式：

In [11]:

```
unsigned(8)
```

Out[11]:
0x0000000000000008

　　unsigned 可以將整數轉成無符號整數。

In [12]:

```
signed(UInt8(5))
```

Out[12]:
5

signed 則是可以將整數轉成有符號整數。

▶ 算術運算子

這邊介紹數字都通用的**算術運算子（arithmetic operators）**以及比較運算子。算術運算子除了大家平時非常熟悉的四則運算，還有取餘數以及次方的運算。

當 x 跟 y 都是數字……

- -x： 變號
- x＋y、x－y、x＊y、x／y： 一般四則運算
- div(x, y)： 商
- x％y： 餘數，也可以用 rem(x, y)
- x＼y： 跟 / 的作用一樣
- x＾y： 次方

我們這邊只介紹大家比較不熟悉的取商數、餘數以及次方運算。以下分別是 123 除以 50 的商及餘數：

In [13]:

```
div(123, 50)
```

Out[13]:
2

In [14]:

```
 123 % 50
```

Out[14]:
23

2 的 10 次方則是寫成：

In [15]:

```
2^10
```

Out[15]:
1024

 小叮嚀

　　讓程式更好閱讀：運算子前後的空白多寡是不影響語法的，假設我們以底線 _ 來表示空白字元，所以 1+1、1+_1、1_+1 或是 1_+_1 四種不同的寫法都是可以順利執行的。但是為了閱讀上的便利性，筆者傾向寫成 1_+_1，會有比較好的閱讀效果。

運算子優先權規則

　　在一個表達式中，常常會有多個運算子一起組合成一個表達式的時候，以不同的順序計算整個表達式可能會有不同的答案。就如同我們在數學中學到的，先乘除後加減，在程式當中也是一樣的，也就是乘法與除法的優先權會高於加法與減法。我們在程式當中運算子的優先權如下表 3-2：

表 3-2　運算子的優先權

優先權	運算子
高	^
中	*, /, %, \
低	+, -

　　這一段表達式中優先權高的會先被運算，依序算到優先權最低的，像是 5^2 * 6 + 2，5^2 的部分會先被運算，變成 25 * 6 + 2，接著運算 25 * 6 的部分，最後會是加法的運算。

以小括弧來組織運算式

由於有運算子優先權的規則，我們無法任意更改運算子的運算優先順序，但是我們可以藉由加入小括弧促使電腦優先計算小括弧內的值，來重新組織運算優先權。像是：

((1 + 2) * 3)

這時候，(1 + 2) 會先被運算，接著才是 (3 * 3) 的部分。這邊與我們的數學運算規則是一致的，差別在於程式都是用小括弧來組織運算的。

▶ 浮點數

浮點數（floating-point number）基本上就是在有小數點的數，但是同樣位元數的浮點數，比起同樣位元數的整數表示範圍來得大，然而浮點數可以以科學符號表示。以下是各種浮點數的表示方式：

In [16]:
```
0.5
```
Out[16]:
```
0.5
```

In [17]:
```
.5
```
Out[17]:
```
0.5
```

In [18]:
```
5e10
```
Ot[18]:
```
5.0e10
```

5e10 代表的是 5 乘以 10 的 10 次方（5×10^{10}）。如果次方項是負的，就可以直接寫成：

In [19]:

```
2.5e-4
```

Out[19]:
0.00025

In [20]:

```
 typeof(0.5)
```

Out[20]:
Float64

　　浮點數也有不同位元大小的版本，可以視情況採用不同位元大小版本的浮點數，如表 3-3。

表 3-3　不同位元大小有不同版本

型別	位元大小
Float16	16
Float32	32
Float64	64

無限及 NaN

　　除了表示浮點數以外，根據不同浮點數位元大小的版本，它們各自有不同表示無限的型別，以及表示**非數字（Not a number）**的型別，如表 3-4。

表 3-4　表示無限和非數字的型別

Float16	Float32	Float64
Inf16	Inf32	Inf
-Inf16	-Inf32	-Inf
NaN16	NaN32	NaN

　　我們來看看無限以及非數字與其他數字的運算結果會如何吧！

In [21]:

```
1 / Inf
```

Out[21]:
0.0

當 1 去除以無限大時，答案是 0，非常符合我們的數學直覺。

In [22]:

```
1 / 0
```

Out[22]:
Inf

In [23]:

```
-5 / 0
```

23]:
-Inf

在 Julia 中，分母是可以為 0 的，它的計算結果會是無限大或是負無限大。

In [24]:

```
0 / 0
```

Out[24]:
NaN

但是 0 分之 0 並不是一個數字。

▶ 比較運算子

　　一般我們在比較數值大小的時候，會需要用到所謂的**比較運算子**（comparison operators）。我們知道兩個數值之間只有三種關係：大於、等於及小於。以下列出各個不同的符號：

用在 x 跟 y 都是數值的狀況

- x == y：等於
- x != y, x ≠ y：不等於
- x < y：小於
- x > y：大於
- x <= y, x ≤ y：小於或等於
- x >= y, x ≥ y：大於或等於

　　在數值比較上，幾乎與數學的比較一樣，這邊就不加以說明。比較運算的結果會是以 true 代表「對」，以 false 代表「錯」，這兩者在後面的章節會特別介紹。

小叮嚀

- +0 會等於 -0，但不大於 -0
- Inf 跟自身相等，會大於其他數字除了 NaN
- -Inf 跟自身相等，會小於其他數字除了 NaN

　　比較需要注意的是，在跟一些特殊數值的比較上：

In [25]:
```
Inf == Inf
```
Out[25]:
true

In [26]:
```
Inf > NaN
```
Out[26]:
false

In [27]:
```
 Inf == NaN
```
Out[27]:
false

In [28]:

```
Inf < NaN
```

Out[28]:
false

▶ 運算元與運算子

　　回到計算機的例子中，數字我們又稱之為**運算元 (operand)**，而 + 我們稱之為**運算子 (operator)**，也就是說：

- 運算子：諸如加 (+)、減 (-)、乘 (*)、除 (/) 等等。
- 運算元：諸如純數 (1, 2, 3...)、小數 (1.32, 0.57, 3.99...)、方程式 (ax+b, ln(5/x)...) 等等。

　　其實廣義來說，可以把運算元看成是操作的對象或是單元，它們經過某些運算、轉換或是作用之後會成為另一個樣子。像是 1 + 2 可以看成將 1 這個數字做了加 2 這個動作，這樣的話就會對映到數字 3。在生活中也不乏類似的運作方式，如果有一杯水被倒入其他裝有水的容器中，容器中的水就增加了。原本杯中的水以及裝有水的容器都是運算元，而倒入這個動作則是運算子。如此，我們可以用加法的概念來思考及計算水的容積大小。

▶ 常數

　　Julia 為了科學運算的緣故，設計了內建的數學常數，即便使用者沒有特別宣告，也可以直接呼叫來使用。**常數（constant）**是一旦給定之後就不能改變的變數，通常用來儲存常用但不會變更的值。

In [29]:

```
pi
```

Out[29]:
π = 3.1415926535897...

In [30]:

```
π
```

Out[30]:
π = 3.1415926535897…

※ 符號 π 的輸入方式：\pi + Tab 鍵

In [31]:

```
e
```

Out[31]:
e = 2.7182818284590…

※ 符號 e 的輸入方式：\euler + Tab 鍵

　　如果要宣告常數，要在變數前加上 const 關鍵字，一旦宣告為常數，就不能再更動常數的值，常數的命名慣例通常以全大寫字母搭配底線組成。

In [32]:

```
const CONST_NUMBER = 1.2345
```

Out[32]:
1.2345

▶ 數字字面係數

　　在 Julia 中特別支援的一個功能，允許數字位於變數前方作為係數時，可以省略乘號，這稱為**數字字面係數（numeric literal coefficents）**。

In [33]:

```
x = 3
```

Out[33]:
3

In [34]:

```
2x^2 - 3x + 1
```

Out[34]:
10

　　如果是由小括弧包含的運算式位於變數前方，也可以適用喔！但 (x-1)(x-1)、x(x-1) 這樣的形式則不行。

In [35]:
```
(x-1)x
```
Out[35]:
6

3. 複數與有理數

▶ 複數

　　複數（complex numbers）為科學運算上重要的數，Julia 內建支援複數。複數的表示法為 a + b im，其中 a 代表的是實部，b 代表的是虛部。這裡的 im 是對映數學上的 i。

In [36]:
```
1 + 2im
```
Out[36]:
1 + 2im

　　複數之間是可以執行加減乘除以及次方運算的。

In [37]:
```
(1 + 2im) + (3 - 4im)
```
Out[37]:
4 - 2im

In [38]:
```
(1 + 2im) * (3 - 4im)
```
Out[38]:
11 + 2im

In [39]:

```
(-4 + 3im)^(2 + 1im)
```

Out[39]:
1.950089719008687 + 0.6515147849624384im

In [40]:

```
3 / 5im == 3 / (5*im)
```

Out[40]:
true

取出複數的實部：

In [41]:

```
 real(1 + 2im)
```

Out[41]:
1

取出複數的虛部：

In [42]:

```
imag(3 + 4im)
```

Out[42]:
4

計算共軛複數：

In [43]:

```
conj(1 + 2im)
```

Out[43]:
1 - 2im

計算複數的絕對值或是複數平面上的向量長度：

In [44]:

```
abs(3 + 4im)
```

Out[44]:
5.0

計算複數在複數平面上的向量夾角：

In [45]:

```
angle(3 + 4im)
```

Out[45]:
0.9272952180016122

以 Inf 以及 NaN 構成的複數是允許的，而且可以被運算。

In [46]:

```
1 + Inf*im
```

Out[46]:
1.0 + Inf*im

In [47]:

```
1 + NaN*im
```

Out[47]:
1.0 + NaN*im

In [48]:

```
(1 + NaN*im)*(3 + 4im)
```

Out[48]:
NaN + NaN*im

▶ 有理數

Julia 有內建支援**有理數**（rational numbers）的表示法，表示法如下：

In [49]:

```
2//3
```

Out[49]:
2//3

有理數支援自動約分以及自動調整負號位置。

In [50]:

```
-6//12
```

Out[50]:
-1//2

In [51]:

```
5//-20
```

Out[51]:
-1//4

取出有理數約分後的分子部分：

In [52]:

```
 numerator(2//10)
```

Out[52]:
1

取出有理數約分後的分母部分：

In [53]:

```
denominator(7//14)
```

Out[53]:
2

In [54]:

```
10//15 == 8//12
```

Out[54]:
true

支援有理數的加減乘除以及次方運算：

In [55]:

```
2//4 + 1//7
```

Out[55]:
9//14

In [56]:

```
3//10 * 6//9
```

Out[56]:
1//5

有理數轉成浮點數：

In [57]:

```
float(3//4)
```

Out[57]:
0.75

當分母為複數時自動運算分母實數化：

In [58]:
```
1//(1 + 2im)
```
Out[58]:
1//5 - 2//5*im

比較特別的是可以接受分母為 0。

In [59]:
```
5//0
```
Out[59]:
1//0

有理數與整數運算會自動通分：

In [60]:
```
3//10 + 1
```
Out[60]:
13//10

有理數與浮點數運算時會轉成浮點數運算：

In [61]:
```
3//10 - 0.8
```
Out[61]:
-0.5

有理數與複數運算也是可行的：

In [62]:
```
 2//10 * (3 + 4im)
```
Out[62]:
3//5 + 4//5*im

4. 電腦的數字儲存方式

電腦儲存數字的方式是用 01 的方式儲存及運算，所以一個 Int8（8 bit integer）會以如下的方式儲存。

這邊的每一個□都是代表一個位元，這個位元有兩個狀態，一個狀態是 0，另一個狀態是 1。兩種狀態無法同時存在，那麼只有一個位元就可以表示兩種數字。如果有兩個位元，就可以有四種數字。如果有 n 個位元，就可以有 2^n 種數字。

例如：我們可以利用二進制來轉換數字跟位元的表示法：

00000001 就是 1。
000000010 就是 2。
00000100 就是 4。
10000100 則是 -4。

這邊我們可以看到在二進制的表示法中，最左邊的位元其實是代表「負號」的，剩下的位元沒有太大的差別。

其實在二進位的表示法中，還有分成兩種表示法，分別是 1 補數及 2 補數，我們用八位元來講解，它們的對應關係分別如表 3-5：

表 3-5　數字與補數的對應關係

數字	1 補數	2 補數
127	0111 1111	0111 1111
...	...	...
2	0000 0010	0000 0010
1	0000 0001	0000 0001

(續表 3-5)

數字	1 補數	2 補數
0	0000 0000	0000 0000
-0	1000 0000	-
-1	1000 0001	1111 1111
-2	1000 0010	1111 1110
...	...	...
-127	1111 1111	1000 0001
-128	-	1000 0000

　　1 補數的規則是最左邊的 1 位數為正負號，而右邊的 7 位數來表示數字。我們可以看到兩種補數的表示法在正整數方面，基本上沒有差異，差異會顯現在零以及負數的方面。-1 的 1 補數中最左邊總是為 1，右邊的 7 位數則表示 1 的二進位。在 -1 的 2 補數中最左邊總是為 1，右邊的 7 位數字則是與 1 的和為 1000 0000（111 1111 + 000 0001 = 1000 0000）。1 補數的好處是，對於人類是比較好理解的，但是會有 -0 這樣詭異的情形發生，而且電腦計算上不好處理負數的加法。2 補數的好處是，不會有詭異的情形發生，可以表示的範圍也較大（到 -128），在電腦計算上簡單直覺（只要單純做二進位的加法跟進位），相對的是人類需要花時間去推論數字跟理解規則。一般來說，電腦目前都採用 2 補數較多。

▶ **整數的上下限**

　　剛剛我們看到了不同位元數的整數代表示最大最小值上有所不同。主要是因為位元數代表了可以儲存及表示的整數大小，愈多的位元數可以表示的整數範圍愈大。我們現在就以最小的 8 位元整數來看看它可以表示的最大值最小值的極限。

　　我們可以用 typemax() 來得知這個型別最大能表示的值是多少：

In [63]:

```
typemax(Int8)
```

Out[63]:
127

它相當於 0111 1111。

我們可以用 typemin() 來得知這個型別最小能表示的值是多少：

In [64]:

```
typemin(Int8)
```

Out[64]:
-128

它則是 1000 0000。

▶ 位元運算子

我們提到了位元，就不能不提位元的運算子。**位元運算子（bitwise operators）**是可以操作非常低階的位元操作，在做位元運算之前，我們先來看看怎麼把一般的數字轉成位元的表示法。我們可以用 bitstring() 這個函數來轉換，這邊我們把數字 2 轉成位元來看看：

In [65]:

```
bitstring(2)
```

Out[65]:
"0000000000000000000000000000000000000000000000000000000000000010"

這邊先使用了 Int64 預設的整數型別，會發現它有非常多位元（64 位元），看起來會很累，我們換成表示範圍最小的 Int8 試試看。

In [66]:

```
 bitstring(Int8(2))
```

Out[66]:
"00000010"

看起來好多了，這樣比較容易觀察變化。

In [67]:

```
bitstring(Int8(-2))
```

Out[67]:
"11111110"

　　大家可以看到 Julia 使用的是 2 補數的二進位系統，所以以上兩個數字相加的結果，在一般的十進位或是二進位都非常自然。

In [68]:

```
bitstring(Int8(2) + Int8(-2))
```

Out[68]:
"00000000"

　　以下我們來介紹各種位元運算子：

當 x 跟 y 是整數或是布林值

- ~x：位元非，bitwise not，對每個位元做 ¬x 運算，11100 → 00011。
- x & y：位元且，bitwise and，對每個位元做 x ∧ y 運算。
- x | y：位元或，bitwise or，對每個位元做 x ∨ y 運算。
- x ⊻ y：位元互斥或，bitwise xor，對每個位元做 x ⊻ y 運算。
- x >>> y：位元右移，位元上，將 x 的位元右移 y 個位數。
- x >> y：算術右移，算術上，將 x 的位元右移 y 個位數。
- x << y：左移，將 x 的位元左移 y 個位數。

※ 符號⊻的輸入方式：\xor + Tab 鍵。

　　我們來看一下位元非的運算，首先 8 位元的 4 是長成這個樣子。

In [69]:

```
bitstring(Int8(4))
```

Out[69]:
"00000100"

　　位元非的運算是將每一個位元的 0 轉成 1，1 轉成 0。

In [70]:

```
 bitstring(~Int8(4))
```

Out[70]:
"11111011"

In [71]:

```
~Int8(4)
```

Out[71]:
-5

所以我們可以看到 8 位元的 4 經過運算後是 -5。

接著我們看看位元左移的運算。

In [72]:

```
bitstring(Int8(1))
```

Out[72]:
"00000001"

In [73]:

```
bitstring(Int8(1) << 2)  # 將 Int8(1) 的位元左移 2 個位數
```

Out[73]:
"00000100"

In [74]:

```
Int8(1) << 2
```

Out[74]:
4

讓我們看看位元右移的運算：

In [75]:

```
bitstring(Int8(4))
```

Out[75]:
"00000100"

In [76]:

```
bitstring(Int8(4) >> 2)  # 將 Int8(4) 的位元右移 2 個位數
```

Out[76]:
"00000001"

In [77]:

```
Int8(4) >> 2
```

Out[77]:
1

接下來我們看看二元的位元運算：

In [78]:

```
bitstring(Int8(4))
```

Out[78]:
"00000100"

In [79]:

```
bitstring(Int8(8))
```

Out[79]:
"00001000"

In [80]:

```
bitstring(Int8(4) & Int8(8))
```

Out[80]:
"00000000"

In [81]:

```
Int8(4) & Int8(8)
```

Out[81]:
0

In [82]:

```
 bitstring(Int8(4) | Int8(8))
```

Out[82]:
"00001100"

In [83]:

```
Int8(4) | Int8(8)
```

Out[83]:
12

▶ 位元溢位

那如果對最大的數 +1 的話會怎麼樣？

我們取 8 位元整數的最大值幫它加上 8 位元的 1（Int8(1)），我們可以試試看這麼做的結果會是什麼？

In [84]:
```
typemax(Int8) + Int8(1)
```
Out[84]:
-128

有趣的事情就發生了！結果居然不是 128！而是 -128，由於 8 位元整數在加法的過程中，127（0111 1111）+ 1（0000 0001）= -128（1000 0000），產生了 **位元溢位（overflow）**。在運算進位的過程中，進位到了最左邊的位元，造成表示法對應到的是 -128，這種現象稱為溢位。

In [85]:
```
typemin(Int8) - Int8(1)
```
Out[85]:
127

減法也有類似的現象。

我們來試試看溢位是怎麼發生的？

In [86]:
```
bitstring(Int8(1))
```
Out[86]:
"00000001"

In [87]:
```
bitstring(typemax(Int8))
```
Out[87]:
"01111111"

In [88]:
```
bitstring(typemax(Int8) + Int8(1))
```
Out[88]:
"10000000"

我們可以看到 1 加上 8 位元整數的最大值，剛好是 -128。

▶ **布林值介紹**

接下來我們要介紹**布林值（bool）**，它是電腦科學當中最基礎的表示方式，電腦中的所有資料會以 1 跟 0 的方式儲存，兩者會分別對應到布林值的 true 以及 false。在前面的數值比較運算當中，我們可以看到運算的結果為布林值。布林值也是二進位系統當中最重要的表示法。

In [89]:
```
true
```
Out[89]:
true

In [90]:
```
false
```
Out[90]:
false

In [91]:
```
typeof(false)
```
Out[91]:
Bool

▶ **布林值的運算**

二進位制系統當中，布林值是可以運算的，運算子分別為：

- ~x：非（negation），true 變成 false，false 變成 true
- x & y：且（conjunction）
- x | y：或（disjunction）

運算子的運算方式可以對照下面的真值表（表 3-6）：

表 3-6　真值表

x	y	x & y	x | y
false	false	false	false
false	true	false	true
true	false	false	true
true	true	true	true

In [92]:

```
~false
```

Out[92]:
true

In [93]:

```
true & false
```

Out[93]:
false

In [94]:

```
true | false
```

Out[94]:
true

PART

2

程式設計
基礎篇

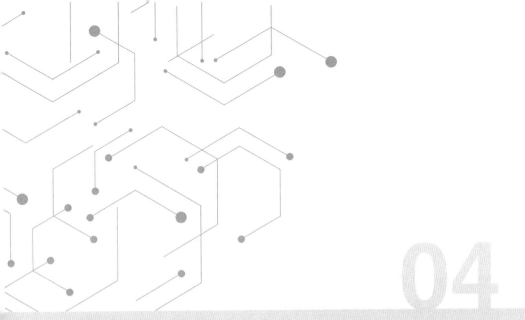

控制流程—條件判斷與迴圈

04

1.If 條件判斷

　　我們在程式當中需要對一個狀況做出判斷，這時候，我們會把這些狀況化成一個一個的條件，並且把它寫在 if 的語法裡面，也就是當某些條件發生的時候，就會去執行某些指令。換句話說，if 語法提供了邏輯判斷式。如果 if 後面接的運算式被判斷為 true，則程式會繼續執行；反之，如果 if 後面接的運算式被判斷為 false，且程式設計師提供了其他運算式在 else 之後，則程式會改而執行該運算式，否則就不會有任何動作。

　　條件判斷的語法結構如下：

```
if 判斷式
    運算
End
```

　　當 if 後面的判斷式條件成立時，就會執行當中的運算。

In [1]:

```
x = 0
y = 5

if x < y
    println("x is less than y")
end
```

x is less than y

　　在這邊的 x 是等於 0，y 是等於 5，判斷式中會去檢查是否 x 小於 y，如果這個條件判斷結果為**真（true）**，那麼就會執行當中的 println 指令，所以你會看到 x is less than y 的字樣。

　　夾在 if 判斷式與 end 中間的部分，我們稱為**程式碼區塊（block）**，這個區塊可大可小，取決於當中的程式碼行數，通常會在前面加上空格（space）或是定位鍵（tab）做縮排以利閱讀。

In [2]:

```
x = 10
y = 5

if x < y
    println("x is less than y")
end
```

若是不滿足 if 判斷式，區塊當中的指令便不會被執行。

In [3]:

```
if x < y
    println("x is less than y")
else
    println("x is not less to y")
end
```

x is not less to y

我們可以藉由 else 來區分不滿足 if 判斷式的狀況，當 if 判斷式的結果為**假（false）**的時候，便會直接進入 else 的區塊中，並執行區塊中的指令，if 區塊中的指令便不會被執行。

In [4]:

```
f x < y
    println("x is less than y")
elseif x > y
    println("x is greater than y")
else
    println("x is equal to y")
end
```

ix is greater than y

如果有多個判斷式需要判斷，這時候，我們會使用 elseif，並加入第二條判斷式，程式便會循序地執行下來，先判斷 x < y 是否為真，如果不為真，會接著判斷 x > y 是否為真。

▶ 非布林值是不能當作判斷式的

在 Julia 中，if 不接受布林值以外的東西，所以請確定判斷式會回傳布林值的結果。

In [5]:

```
if 1 # 數字不會自動轉成布林值
    print("true")
end
```

TypeError: non-boolean (Int64) used in boolean context

Stacktrace:
 [1] top-level scope at In[5]:1

▶ 短路邏輯

如果我們需要同時判斷多個判斷式並且做出一個綜合判斷，我們通常會使用且 (&&) 及或 (||) 來串聯不同的判斷式。這時候判斷式會從式子的最左邊先進行判斷，接連判斷到最右邊。

In [6]:

```
if 3 > 5 && 5 == 5
    println("This is not going to be printed.")
end
```

這邊有一個特殊的情況，也就是當前者的判斷式結果已經可以作為整體的判斷結果時，程式就會直接進入區塊中，不會將剩下的判斷式執行完。在這邊的例子中，3 > 5 的結果為假，而 && 運算如果有其中一方為假，那麼整體結果就是假，那麼 5 == 5 就不會被執行到。這稱為短路邏輯，以下為在 Julia 中的短路邏輯。

- 在 a && b 裡，如果 a 為 false，就不需要考慮 b 了
- 在 a || b 裡，如果 a 為 true，就不需要考慮 b 了

▶ **連續比較**

在 Julia 中，連續比較是可以的，不必寫成兩兩比較的形式。

In [7]:
```
1 < 2 < 3
```
Out[7]:
true

▶ **比較特殊值**

那一些特殊值的比較以及確認上通常較為困難，所以 Julia 提供了不同的方式讓使用者使用。

確認是否為有限值：

In [8]:
```
isfinite(5)
```
Out[8]:
true

確認是否為無限值：

In [9]:
```
isinf(Inf)
```
Out[9]:
true

確認是否為 NaN：

In [10]:
```
isnan(NaN)
```
Out[10]:
true

▶ **範例：猜拳遊戲**

如果我們想要做一個簡單的猜拳遊戲，那我們需要先定義不同的出拳方式：1 是剪刀，2 是石頭，3 是布。接著，我們會有兩方分別是以兩個變數代表：x 跟 y，所以當兩方出拳是以下的狀況時：

In [11]:

```
x = 2
y = 3
```

Out[11]:
3

　　這時候，我們就可以先針對這一個狀況先做判斷，它應該要是 y 獲勝，所以我們可以先這樣寫：

In [12]:

```
if x == 2
  if y == 3
    println("y wins!")
  end
end
```

y wins!

　　OK！它正確執行了！此時，我們來想想不同狀況，x 可能的出拳方式有三種，y 可能的出拳方式也有三種，這樣就有九種狀況。當中如果兩個出相同拳的狀況，可以先判斷：

In [13]:

```
if x == y
  println("End in a draw！")
end
```

　　接下來，我們可以再判斷不是平手的局面，這邊我們可以用 **巢狀（nested）** 條件判斷來處理：

In [14]:

```
if x == 1
  if y == 2
    println("y wins!")
  elseif y == 3
    println("x wins!")
  end
elseif x == 2
  if y == 1
    println("x wins!")
  elseif y == 3
    println("y wins!")
  end
elseif x == 3
  if y == 1
    println("y wins!")
  elseif y == 2
    println("x wins!")
  end
end
```

y wins!

　　如此一來，我們就可以考慮到所有的狀況了！

2.For 迴圈

　　我們介紹了陣列這個集合容器，如果我們要一次處理比較多的資料，想必大家在程式碼的撰寫上會顯得非常繁複，例如我想要過濾掉陣列當中小於 5 的值，如果小於 5 的話就將值覆蓋為 -1：

In [15]:

```
x = [1, 2, 3, 4, 5, 6, 7, 8, 9, 10]

if x[1] < 5
   x[1] = 0
end

if x[2] < 5
   x[2] = 0
end

if x[3] < 5
   x[3] = 0
end

if x[4] < 5
   x[4] = 0
end

if x[5] < 5
   x[5] = 0
end

if x[6] < 5
   x[6] = 0
end

if x[7] < 5
   x[7] = 0
end

if x[8] < 5
   x[8] = 0
end

if x[9] < 5
   x[9] = 0
end

if x[10] < 5
   x[10] = 0
end
```

In [16]:

```
x
```

Out[16]:
10-element Array{Int64,1}:
 0
 0
 0
 0
 5
 6
 7
 8
 9
 10

　　在這個範例中，我們似乎達到了我們想要的目的，可是這卻讓我們的程式碼變得非常的冗長，你會發現這些程式碼都在做一樣的事情，差別在每次索引的值不同。我們有沒有什麼方法可以改善它呢？

　　在一般程式語言當中，我們可以用 for 迴圈來達到減少程式碼的冗餘的效果，如果將以上程式碼以迴圈改寫的話，會像以下這個樣子：

In [17]:

```
x = [1, 2, 3, 4, 5, 6, 7, 8, 9, 10]

for i = 1:10
  if x[i] < 5
    x[i] = 0
  end
end
```

　　這樣看起來是不是短很多了！ 你會發現中間有一段程式碼是一樣的，就是剛剛我們所用的 if 判斷式，在這段程式碼當中索引值被改成 i 了。整體程式碼的運作模式是：首先，for 迴圈的起頭（for i = 1:10）指定了 i 的範圍，在這個例子中範圍從 1 到 10（1:10）， 在第一次的迴圈中，i 的值是 1，接著會進入迴圈的程式碼區塊中，所以我們會先去判斷第一個元

素是否小於 5（i = 1, if x[i] < 5），如果判斷式為真，那麼就會進入 if 的程
式碼區塊（i = 1, x[i] = 0），如果判斷式為假，就不做任何事情，最後我們
來到了 for 迴圈程式碼區塊的最尾端，然後會再一次回到迴圈的起頭，只
是第二次的 i 值是 2，以此類推，直到最後一次的迴圈為止。語法結構上
是像這樣子：

```
for i = 起始 : 結束
    運算
end
或是
for i in 起始 : 結束
    運算
end
```

　　我們可以用迴圈幫我們做一些事情，像是想要累加從 1 到 100 的數
字，這時候可以給定 a 的初始值，並且在每一次的迴圈中把 i 的數值累加
到 a 的身上。

In [18]:

```
a = 0
for i = 1:100
    a = a + i
end
a
```

Out[18]:
5050

▶ 更新運算子

　　這邊來介紹一個簡便的語法，這是一個**語法糖（syntax sugar）**，語
法糖的意思是在語言本身就可以做到的事情，但是要做到這件事情所需要
的語法較為繁複，所以設計一個較為簡便的語法供大家使用。我們常常可
以在程式碼當中看到像 x = x + 1 這樣的運算式，由於出現頻率很頻繁，所
以有更簡化的寫法。

假設這邊有兩個變數：

In [19]:
```
x = 5
y = 0
```
Out[19]:
0

如果我們想要把 x 的兩倍加到 y 身上，並且指定給 y，我們一般可以這麼做：

In [20]:
```
y = y + 2x
```
Out[20]:
10

如果使用**更新運算子（updating operators）**的話，就可以寫成像這樣：

In [21]:
```
y += 2x
```
Out[21]:
20

上下兩句的寫法所表達的意思是一樣的。

除了 += 以外，還有不同的更新運算子，以下是有支援的更新運算子，前面所介紹過的運算子的更新運算子都有支援喔！

- +=： x += y 等同於 x = x + y，以下類推，讀者可以嘗試填完留白的部分喔。
- - =：
- *=：
- /=：
- \=：

- %=：
- ^ =：
- & =：
- | =：
-   =：
- >>>=：
- >>=：
- <<=：

　　我們可以善用更新運算子來將程式改寫成這樣：

In [22]:
```
a = 0
for i = 1:100
  a += i
end
a
```
Out[22]:
5050

　　我們還可以把陣列 x 中的元素一一印出。這時候我們就需要用到 in 的語法，元素 in 集合容器 語法會依序將集合容器中的元素一一取出，在每次的迴圈運算中，i 的值都不同，這時候 i 所代表的就是集合容器中的每一個元素了。

In [23]:
```
for i in x
  println(i)
end
```
5

▶ **範例：數字累加**

　　一般來說，我們常常會做累加的運算，像是如果我想要計算一系列數字平方後累加的結果，我們可以這樣做：

In [24]:
```
accum = 0
for x in 1:100
    accum += x^2
end
```

In [25]:
```
accum
```
Out[25]:
338350

　　我們可以很輕易地完成這樣的任務，並且保持程式碼的簡潔易懂。

3.While 迴圈

　　迴圈除了 for 迴圈以外，還有另外一種稱為 while 迴圈，它跟 for 迴圈不一樣的是，它需要每次迴圈都像 if 一樣檢查條件是否滿足，再決定是否要進入迴圈中。以下是它的語法：

```
while 持續條件
    運算
end
```

　　在 while 迴圈中，要進入迴圈之前會先檢查持續條件是否滿足，如果條件判斷的結果為真，那就會進入迴圈中，執行到迴圈的結尾，又會回過頭來檢查持續條件，直到跳件判斷為假，就會停止迴圈。我們來看看範例：

In [26]:
```
a = 1
while a <= 100
    a += 2
end
```
a
Out[26]:
101

在這個範例中，我們設定一開始的 a 為 1，接著會檢查 a <= 100 是否為真，如果為真，就執行 a += 2，執行完之後就到了迴圈的結尾，這時候又會回過頭檢查 a <= 100 是否為真，會這樣不斷執行，直到條件不滿足為止，最後我們可以得到 a 是 101。

我們可以用這樣的方法，加上一個計數器來從 1 加到 100：

In [27]:
```
a = 0
counter = 1
while counter <= 100
  a += counter
  counter += 1
end
a
```
Out[27]:
5050

counter 是計數器，它從 1 開始，進入迴圈後，會將 counter 的數字加到 a 上，然後自身就會加一，這樣會持續到 counter 超出 100 為止。

In [28]:
```
a = 0
counter = 1
while counter > 100
  a += counter
  counter += 1
end
 a
```
Out[28]:
0

若是持續條件設定錯誤的話，一開始執行的時候會先檢查條件是否滿足，條件一開始就不滿足的話，就完全不會執行迴圈當中的程式碼喔！

```
a = 0
counter = 1
while true
```

```
  a += counter
  counter += 1
end
```

　　如果像以上範例，持續條件恆為真，那麼它就是一個無窮迴圈，它永遠也不會停止。如果要使用的話要小心，必須很清楚自己在做什麼。在持續條件的設計上也需要小心持續條件需要在未來的某個時刻會為假，這樣才能跳出迴圈，不然也會形成無窮迴圈。

小叮嚀

　　要小心設計持續條件，持續條件恆為真會變成無窮迴圈，你需要很清楚自己想做的事情是什麼。

▶ break 及 continue 表達式

　　在迴圈的場景，我們可能有時候會想要從迴圈當中跳脫出來，或是跳過某些狀況。我們可以用 break 表達式來跳出迴圈，當程式執行到 break 表達式時，程式執行會跳出最內層的迴圈。例如以下程式會在每次迴圈中，將 i 加上 1，s 則會加上 i。i 就會成為類似計數器的存在，而 s 則是一個累加的作用。

In [29]:
```
s = 0
i = 0
while i < 20
  i += 1
  s += i
  if s > 10
    break
  end
  println(s)
end
```

```
1
3
6
10
```

　　我們讓它在 s > 10 的條件下 break，所以在幾次遞增的情況下，當不滿足 s > 10 的條件就會停止迴圈，我們就可以發現它不再印出數字了。

　　而 continue 則是會跳過這次的迴圈，直接進行下一次。我們可以從這個例子中看到，當滿足我們設定的條件 i == 5，後續的程式碼就不會被執行，所以我們看不到數字 5 被印出來。

In [30]:

```
for i = 1:10
  if i == 5
    continue
  end
  println(i)
end
```

```
1
2
3
4
6
7
8
9
10
```

4. 淺談變數作用域

　　變數都有它的作用範圍以及生命週期。變數的生命週期是從一個變數被創造出來，直到它被執行中的程式以**垃圾回收機制（garbage collection）**回收掉為止。變數也有其作用範圍，我們稱為**作用域（scope）**，變數的作用域會根據變數被宣告及使用的地方不同而有所不同。

▶ **變數作用域**

　　一般來說，我們會將變數區分為**全域變數（global variable）**以及**區域變數（local variable）**。絕大多數我們目前為止所使用的變數是全域變數，也就是那些不存在任何的程式區塊中的變數，這些變數可以被程式碼的任意部分取用。相對，那些存在於迴圈或是條件判斷的程式區塊中的變數是區域變數。區域變數可以存取的範圍有限，通常是被創造出來之後，到程式區塊結束之前。

In [31]:
```
a = 0 # 全域變數
for i in 1:10 # i 是區域變數，作用域起始
  a = 1
  a += i
end # i 的作用域結束
```

In [32]:
```
a # 仍然可以被存取
```
Out[32]:
11

In [33]:
```
i # 不能被存取
```
Out[33]:
5

　　雖然使用全域變數非常方便，但是它卻會對程式帶來一些複雜度及副作用。當有一部分的程式碼更動了全域變數，可能影響到後續存取這個全域變數的程式碼，當使用者一不注意到這樣的差別就有可能發生意想不到的後果。盡量避免使用全域變數，如果要用，請小心使用。

▶ **區域作用域**

　　在 Julia 中有一些語法會創造出一個**區域作用域（local scope）**。像是 for...end 和 while...end 這兩個迴圈，在語法中會創造出一個區域作用域，可以供大家宣告區域變數，而這些區域變數的作用域也只限於在這個

區域中而已。而我們會在第七章提到的函式 function...end 也會形成一個區域作用域。這邊需要注意的是 if...end 區塊並不會創造一個新的作用域，所以在這個程式碼區塊中是與外在的區域無異的。

```
x = 0
for i in 1:10
  for j in 1:10
    x = i + j
    a = 0
  end
end
```

　　區域作用域會從原作用域繼承所有的變數進來。我們可以從以上的例子中看到最外層的變數 x 能夠被最內層的迴圈區塊取用，通常我們會說，最內層的區塊可以**看見（visible）**。可以看見的變數就能夠被存取。相反，在最內層的區塊所定義的變數無法被外層的區塊存取，像變數 a 是無法被外層的 for 迴圈存取的。

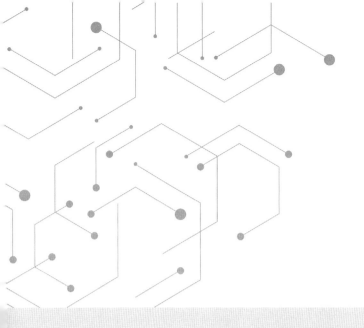

集合容器

1. 陣列

　　一般來說我們要處理的東西常常不是一兩個變數而已，很多時候我們一次處理數十、數百，甚至是上千萬的資料。這時候我們需要一個**集合容器（collections）**，來幫我們整理這些資料，我們希望把同性質的資料放在一起，我們好一起處理。這樣在概念上可以讓處理流程比較乾淨流暢，程式碼寫出來也會比較簡潔。在程式語言當中最基本的集合容器就是**陣列（arrays）**了。陣列是一個連續型的集合容器，你可以想像陣列像圖 5-1 的樣子：

圖 5-1　陣列的示意圖

　　每一個格子當中可以放一個值，每個格子可能有前一個或是後一個元素，整個串接起來就是一個陣列。一般來說，我們會用元素來稱呼陣列中的每一個單元，這個概念是不牽涉到裡面當中儲存的值的。我們可以把同性質的值放進容器當中一視同仁地看待並且處理，我們來試著創建一個陣列看看吧！

▶ 創建一個陣列

　　我們可以用以下的語法創建一個空的陣列：

In [1]:
```
x = []
```
Out[1]:
0-element Array{Any,1}

　　所以我們得到一個空的陣列，你會看到 0-element 顯示這個陣列當中包含 0 個元素，Array{Any,1} 則告訴你這是一個型別是 Array 的物件，而這個陣列當中可以放 Any 型別的東西。

這邊我們需要強調一個概念，在陣列當中只能存放**同質性（Homogeneous）**的物件，也就是說在同一個陣列當中的所有物件都是同樣的型別。然而，在 Julia 中所有型別都屬於 Any 型別，所以它可以放任何東西，這邊我們在後續的章節會詳加描述。

如果我們要指定一個陣列的元素型別的話，我們可以把元素型別放在方括弧的前方，像這樣：

In [2]:
```
Any[]
```
Out[2]:
0-element Array{Any,1}

我們得到了一個可以裝 Any 型別的陣列，我們來試試看 Int64：

In [3]:
```
Int64[]
```
Out[3]:
0-element Array{Int64,1}

大家可以自己試試看不同型別的陣列喔！

▶ 陣列的型別

我們可以直接在陣列當中指定我們要放的值，例如以下是一個包含 1、2、3 的陣列：

In [4]:
```
x = [1, 2, 3]
```
Out[4]:
3-element Array{Int64,1}:
 1
 2
 3

你會發現 Julia 會很聰明的自動推論你的陣列中放的值是屬於 Int64 型別，我們來試試看混合整數及浮點數的情況：

In [5]:

```
x = [1, 1.2]
```

Out[5]:
2-element Array{Float64,1}:
 1.0
 1.2

你會看到在這個陣列當中所有的值都被轉成浮點數了，而且它會推論成 Float64 的陣列。你也可以同時指定陣列元素的型別以及當中的元素：

In [6]:

```
Int8[1, 2, 3, 4]
```

Out[6]:
4-element Array{Int8,1}:
 1
 2
 3
 4

這樣我們就可以很輕易的造出任意我們想要的陣列了！

▶ 從陣列中取值

當我把值存在陣列當中，我要怎麼把值取出來呢？把值取出來的動作我們稱為**索引（indexing）**或是取值。就像每個元素都有個號碼牌一樣，陣列的第一個元素的號碼牌或是**索引值（index）**是 1，第二個元素的索引值是 2，然後以此類推（圖 5-2）。

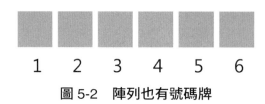

圖 5-2　陣列也有號碼牌

小叮嚀

若以前有不同程式語言經驗的朋友需要注意，在 Julia 中，索引值是從 1 開始數，不是 0 喔！

所以我們借用剛剛宣告的陣列 x：

In [7]:
```
x
```
Out[7]:
2-element Array{Float64,1}:
 1.0
 1.2

如果我要取第一個元素的值，我們只要在陣列的後方加上一個方括弧，然後在方括弧中填入索引值，像這樣：

In [8]:
```
x[1]
```
Out[8]:
1.0

所以語法規則大致像這樣：

陣列 [索引值]

我可以繼續取第二個元素的值：

In [9]:
```
x[2]
```
Out[9]:
1.2

如果我想知道這個陣列當中有多少個元素的話，可以用 length 這個函數：

In [10]:

```
length(x)
```

Out[10]:
2

它告訴我們現在 x 這個陣列當中有 2 個元素。

有時候我們想取的不是單一個元素，我們想要一個陣列中的某區段的元素，該怎麼辦呢？我們可以用 :，語法像這樣：

陣列 [起始索引值 : 結束索引值]

這代表我想取從起始索引值開始到（包含）結束索引值的值。我們看以下的示範：

In [11]:

```
x = [6.0, 3.2, 7.6, 0.9, 2.3]
```

Out[11]:
5-element Array{Float64,1}:
 6.0
 3.2
 7.6
 0.9
 2.3

In [12]:

```
x[1:2]
```

Out[12]:
2-element Array{Float64,1}:
 6.0
 3.2

我們可以看到取 1:2 這個區段的元素的值，它取出來之後仍然是一個陣列，當中含有第一及第二個元素的值。如果我們想要取第三個元素到最後一個元素的值要怎麼做呢？你可以用上面學到的 length，先計算出 x 的長度大小後，將這個大小作為索引值去取值：

In [13]:

```
x[3:length(x)]
```

Out[13]:
3-element Array{Float64,1}:
 7.6
 0.9
 2.3

　　這邊提供一個方便的關鍵字 end，它放在索引值中表示陣列的最後一個元素：

In [14]:

```
x[3:end]
```

Out[14]:
3-element Array{Float64,1}:
 7.6
 0.9
 2.3

　　所以如果想要取倒數第二個元素的值的話可以：

In [15]:

```
x[end-1]
```

Out[15]:
0.9

　　Julia 還提供很方便的取值方式，如果你想要取出每個奇數索引值的元素的值的話，可以用以下語法：

陣列 [起始索引值 : 間隔 : 結束索引值]

　　這段語法的意思是，從起始索引值開始，每多少間隔的元素取一個值，直到（包含）結束索引值為止。我們來看看範例：

In [16]:

```
x[1:2:end]
```

Out[16]:
3-element Array{Float64,1}:
 6.0

7.6
2.3

這段程式碼的意思是，從 1 開始，每 2 個元素取一個值，直到 end 為止，這樣正好符合取所有奇數索引值的元素的值。你會發現它值取出來之後還是會放在一個陣列當中。

▶ 指定陣列的值

如果你想要重新指定陣列當中的值，可以很直覺地用 = 指定即可：

In [17]:

```
x[2] = 7.5
```

Out[17]:
7.5

你就會發現陣列的值被更改了。

In [18]:

```
x
```

Out[18]:
5-element Array{Float64,1}:
 6.0
 7.5
 7.6
 0.9
 2.3

但是 Julia 不允許你加入超出陣列大小的索引位置：

In [19]:

```
x[6] = 6.0
```

BoundsError: attempt to access 5-element Array{Float64,1} at index [6]

Stacktrace:
 [1] setindex!(::Array{Float64,1}, ::Float64, ::Int64) at ./array.jl:767
 [2] top-level scope at In[19]:1

Julia 也不允許指定不符合陣列元素型別的值：

In [20]:

```
x[5] = "123"
```

MethodError: Cannot `convert` an object of type String to an object of type Float64
Closest candidates are:
 convert(::Type{T<:Number}, !Matched::T<:Number) where T<:Number at number.jl:6
 convert(::Type{T<:Number}, !Matched::Number) where T<:Number at number.jl:7
 convert(::Type{T<:Number}, !Matched::Base.TwicePrecision) where T<:Number at
twiceprecision.jl:250

 ...

Stacktrace:
 [1] setindex!(::Array{Float64,1}, ::String, ::Int64) at ./array.jl:767
 [2] top-level scope at In[20]:1

▶ 常用的陣列操作

想要從陣列的後面加入新的值，可以用 push!。

In [21]:

```
push!(x, 9.0)
```

Out[21]:
6-element Array{Float64,1}:
 6.0
 7.5
 7.6
 0.9
 2.3
 9.0

以上程式碼的意思是，在 x 陣列的尾端加上 9.0 這個值。

如果你有兩個陣列想要串接起來，可以用 append!。

In [22]:

```
y = [10.0, 3.4]
 append!(x, y)
```

Out[22]:

```
8-element Array{Float64,1}:
  6.0
  7.5
  7.6
  0.9
  2.3
  9.0
 10.0
  3.4
```

　　以上程式碼的意思是，在 x 陣列後面串接 y 陣列，所以 x 陣列就會變成：

In [23]:

```
x
```

Out[23]:
```
8-element Array{Float64,1}:
  6.0
  7.5
  7.6
  0.9
  2.3
  9.0
 10.0
  3.4
```

　　pop! 是從陣列的開頭取最後一個元素的值，並且從陣列中移除。

In [24]:

```
pop!(x)
```

Out[24]:
```
3.4
```

In [25]:

```
x
```

Out[25]:
```
7-element Array{Float64,1}:
  6.0
  7.5
```

```
7.6
0.9
2.3
9.0
10.0
```

陣列的第一個元素就被移除了！

popfirst! 則跟 pop! 相反，是從陣列的開頭取第一個元素的值並且從陣列中移除。

In [26]:
```
popfirst!(x)
```
Out[26]:
6.0

In [27]:
```
x
```
Out[27]:
6-element Array{Float64,1}:
```
 7.5
 7.6
 0.9
 2.3
 9.0
 10.0
```

pushfirst! 是 popfirst! 的反向操作，可以從陣列的開頭推入一個元素：

In [28]:
```
pushfirst!(x, 6.0)
```

Out[28]:
7-element Array{Float64,1}:
```
 6.0
 7.5
 7.6
 0.9
 2.3
 9.0
 10.0
```

我們用表 5-1 總結一下以上陣列的操作：

表 5-1　陣列操作小筆記

操作	從開頭	從尾端
加入元素	pushfirst!	push!
移除元素	popfirst!	pop!

我們另外介紹其他很實用的函式。很多時候我們需要將資料重新排列，這時候我們可以使用 permute! 這樣的函式，它需要兩個參數，第一個參數是需要重新排列的陣列 v，第二個參數則是重排用的索引值 p，新的排列就會是 v[p] 的形式。

In [29]:
```
permute!(x, [2, 1, 4, 3, 6, 5, 7])
```
Out[29]:
7-element Array{Float64,1}:
  7.5
  6.0
  0.9
  7.6
  9.0
  2.3
 10.0

這邊的程式碼是將陣列 x 中兩兩元素互換，也就是第一個與第二個互換，第三個與第四個互換等等。

我們還可以將一個陣列的元素順序全都顛倒過來，可以用 reverse 做到，如此一來，最後一個元素就會成為第一個元素，以此類推。

In [30]:
```
 reverse(x)
```
Out[30]:
7-element Array{Float64,1}:

```
10.0
 2.3
 9.0
 7.6
 0.9
 6.0
 7.5
```

▶ 使用陣列的範例

　　這邊提供了一些在實務場景會應用到的範例程式碼及技巧。上手陣列的使用會大大增進技術。

建立並初始化陣列

　　我們前面介紹了不同的空陣列的宣告方式,如果事先知道陣列中裝的元素型別以及長度,可以用以下的宣告方式。

In [31]:

```
Array{Int64, 1}(undef, 5)
```

Out[31]:
5-element Array{Int64,1}:
 139648234008128
 139648234008192
 139648234008256
 139648234008320
 139648234008384

　　這會創造一個一維陣列,當中存放型別為 Int64 的元素,而陣列的長度為 5,不過這個陣列被創造出來,當中的值還是未定的,所以讀者會看到裡面有很多數值,需要個別填入值使用。

In [32]:

```
x = Vector{Int64}(undef, 5)
```

Out[32]:
5-element Array{Int64,1}:
 0
 0

```
0
0
0
```

　　一維陣列在 Julia 中有個別名稱為 Vector，也就是向量的意思。大家也可以直接使用 Vector 來創建，兩個寫法是等價的。

使用陣列初始值設定方式

　　設定陣列中的值，最基本的方式就是利用迴圈。我們可以用迴圈去迭代地利用索引值 i 對陣列 x 做存取。在這邊將陣列中的值設成跟相對應的索引值相同。

In [33]:
```julia
for i in 1:5
    x[i] = i
end
```

In [34]:
```julia
x
```
Out[34]:
```
5-element Array{Int64,1}:
 1
 2
 3
 4
 5
```

　　有時候我們如果不確定陣列的長度是多少，或是無法事先知道這樣的資訊的時候。我們可以利用 length 函式來幫我們取得這樣的資訊，可以很簡單地寫成 1:length(x)。這邊將陣列中的值設成索引值的平方。

In [35]:
```julia
for i in 1:length(x)
    x[i] = i^2
end
```

In [36]:

```
x
```

Out[36]:
5-element Array{Int64,1}:
 1
 4
 9
 16
 25

如果需要填入的值都是同樣的數值的時候，我們可以用 fill! 函式，這個函式接受兩個參數，第一個參數是需要填入的陣列，第二個參數則是需要填入的值。這樣它就會幫你全部填入相同的值了。

In [37]:

```
fill!(x, 5)
```

Out[37]:
5-element Array{Int64,1}:
 5
 5
 5
 5
 5

計算數值並存入陣列

很多時候我們需要將計算完的數值存入陣列，將每次的計算結果儲存下來，我們可以這樣做。

In [38]:

```
x = Int64[]
```

Out[38]:
0-element Array{Int64,1}

In [39]:

```
for i in 1:100
    y = i^2 + i + 1
    push!(x, y)
end
```

n [40]:

```
x
```

Out[40]:
100-element Array{Int64,1}:
     3
     7
    13
    21
    31
    43
    57
    73
    91
   111
   133
   157
   183
     ⋮
  8011
  8191
  8373
  8557
  8743
  8931
  9121
  9313
  9507
  9703
  9901
 10101

這邊利用索引值計算 i^2 + i + 1 式子，並將計算完的數值指定給 y，最後將 y 推入陣列 x 中。

計算陣列元素的總和

當計算完數值，我們會想要知道在陣列中的數值總和是多少，這時候我們可以利用迴圈幫我們做累加。這時候我們需要一個額外的變數來作為累加項，也就是變數 s。我們將變數 s 的初始值設定為 0。

In [41]:

```
s = 0
for a in x
    s += a
end
```

In [42]:

```
s
```

Out[42]:
343500

　　這樣我們就可以很簡單地計算出元素的總和。這樣的方式除了可以做累加以外，也可以做累乘，或是其他依賴前項的累積性運算。

使用陣列作為計數器

　　很多時候我們會想要計算一個陣列當中資料出現的次數。資料正好是正整數的時候，我們可以用這樣的特性來做計數。我們可以把資料對應到另一個陣列的索引，並利用相對應的值作為計數的數值。假設我們有以下資料。

In [43]:

```
data = [1, 2, 3, 6, 8, 4, 3, 2, 4, 6, 7, 9, 9, 8, 4, 3, 2, 4, 5, 7, 3, 2];
```

　　我們需要一個計數器 counter 來存放我們的計算結果，並將它初始化成都是 0。

In [44]:

```
counter = Vector{Int64}(undef, 10)
fill!(counter, 0);
```

　　在迴圈的過程中，利用每一筆取出來的資料 k 作為索引值，利用索引值 k 取 counter 相對應的計數結果，並加上 1。

In [45]:

```
for k in data
    counter[k] += 1
end
```

In [46]:

```
x
```

Out[46]:
100-element Array{Int64,1}:
      3
      7
     13
     21
     31
     43
     57
     73
     91
    111
    133
    157
    183

   8011
   8191
   8373
   8557
   8743
   8931
   9121
   9313
   9507
   9703
   9901
  10101

　　這樣的作法非常有效率，但相對有很多限制。它只能被用於正整數資料，而且當數字太大時會造成需要很大的陣列才能容納。我們後續會介紹更加自由的方式。

使用陣列來統計學生成績

我們現在就更進一步利用陣列來處理應用問題。如果要用陣列來統計學生的成績，我們假設學生的成績是儲存在 data 這個陣列中，我們現在要統計出不同的成績各自出現的次數。

In [47]:

```
data = [94, 88, 82, 92, 93, 93, 83, 90, 85, 91, 92, 88, 93, 95, 89, 90, 82];
```

由於陣列的特性，我們很難再用上一個範例提到的索引值來作為資料的記錄，這時候我們就需要另一個新的陣列來記錄成績。我們用 grades 來記錄不同的成績，用 counts 來記錄不同成績出現的次數，其中，這兩個陣列的索引是相對應的。我們可以這麼做：

In [48]:

```
grades = Int64[]
counts = Int64[]
for g in data
  i = findfirst(grades .== g)
  if i isa Integer
    counts[i] += 1
  else
    push!(grades, g)
    push!(counts, 1)
  end
end
```

用 for 迴圈將成績一個個取出，然後我們需要知道這個成績有沒有被計數過。我們可以用 findfirst 來幫助我們找到陣列中第一個符合條件的元素索引，而這個條件由 grades .== g 給出，grades .== g 會去一一比較在 grades 中與 g 相等的元素，並且輸出一個布林值的陣列。這個布林值的陣列隨後輸入到 findfirst 中，它會幫你挑選出第一個遇到為 true 的索引。因此，我們可以用這個方式挑選出符合條件的索引。若是找不到，findfirst 就會回傳 nothing。在這邊我們後續用 i isa Integer 來判斷 i 是否為一個整數，isa 可以用來判斷一個變數的型別是否為指定型別。如果 i 為整數，代表這個成績已經存在 grades 中。這時候我們只需要利用這個索引 i 在相對應的 counts 上加 1。如果不是，就代表這個成績還沒被計算過。我們就需要將 g 加入 grades 中，並在 counts 中加入 1。

In [49]:

```
grades
```

Out[49]:
11-element Array{Int64,1}:
 94
 88
 82
 92
 93
 83
 90
 85
 91
 95
 89

計算完後，我們就可以得到成績以及相對應的計數了！

In [50]:

```
counts
```

Out[50]:
11-element Array{Int64,1}:
 1
 2
 2
 2
 3
 1
 2
 1
 1
 1
 1

▶ 案例研究：模擬洗牌與發牌

到目前為止介紹了關於陣列的基本操作，以及一些應用技巧。我們就來應用這些技巧來完成一個應用程式吧！這邊會示範撲克牌的模擬洗牌程式。我們可以用一些符號來表達撲克牌的花色，像是「♠」，我們可以在支援 Julia 的環境中打上 \spadesuit 並按下 Tab 鍵就會出現這樣的符號。如此，我們可以有其他花色及其對應的輸入法，「♡」、「◇」、「♣」及其對應的輸入法為 \heartsuit、\diamondsuit、\clubsuit。我們先將這些花色羅列出來，用一個陣列來儲存。

In [51]:

```
suits = String[" ♠ ", " ♡ ", " ◇ ", " ♣ "]
```

Out[51]:
4-element Array{String,1}:
 " ♠ "
 " ♡ "
 " ◇ "
 " ♣ "

牌面的部分也可以用雷同的方法來製造一個字串的陣列。

In [52]:

```
faces = String["A", "2", "3", "4", "5", "6", "7", "8", "9", "10", "J", "Q", "K"]
```

Out[52]:
13-element Array{String,1}:
 "A"
 "2"
 "3"
 "4"
 "5"
 "6"
 "7"
 "8"
 "9"
 "10"
 "J"
 "Q"
 "K"

所以，任意的花色與牌面的組合，我們可以將它印出來。如此一來，我們就完成了一張撲克牌的呈現了。

In [53]:

```
println(faces[5], " ", suits[1])
```

5♠

接下來，我們考慮洗牌的流程。我們可以先創建一個陣列，當中包含著 1 ～ 52 的整數，一個整數代表一張卡。然後我們將每張卡都隨機找其他卡互換位置，這樣我們就可以模擬洗牌的過程了。那麼我們可以將總卡片數設成一個常數來使用。

In [54]:

```
const NUMBER_OF_CARDS = 52
```

Out[54]:
52

接著，我們可以用 collect(1:NUMBER_OF_CARDS) 來創造一個包含著 1 ～ 52 的整數的陣列。在迴圈中會將每張卡片的索引值設定為 i，並且隨機選取的索引值 j，將 deck[i] 與 deck[j] 做互換。可以用 rand 來隨機選取某個整數範圍 1:NUMBER_OF_CARDS 中的值。我們想將 deck[i] 與 deck[j] 做互換，可以直接使用 deck[j], deck[i] = deck[i], deck[j] 這樣的語法。

In [55]:

```
deck = collect(1:NUMBER_OF_CARDS)
for i = 1:NUMBER_OF_CARDS
  j = rand(1:NUMBER_OF_CARDS)
  deck[j], deck[i] = deck[i], deck[j]
end
```

我們可以看看洗牌的結果。

In [56]:

```
deck
```

Out[56]:
52-element Array{Int64,1}:
 4
 51
 36
 20
 8
 18
 24
 16
 42
 1
 50
 32
 15
 ⋮
 28
 23
 11
 49
 6
 48
 3
 38
 43
 7
 13
 39

　　我們已經將每張排的位置重新排列過了，我們要如何對應到相對應的花色與牌面呢？我們可以考慮將撲克牌對應的數字做除法，除完的商跟餘可以供我們索引花色及牌面。由於 Julia 的索引是以 1 為起始，所以我們需要將數字先減 1，接著做除法，商被指定為 i 而餘被指定為 j。要索引花色及牌面的時候需要加 1。這背後的原理留給大家思考。這邊先印出前 10 張牌。

In [57]:

```
for n = deck[1:10]
    i = div(n-1, 4)
    j = (n-1) % 4
    println(faces[i+1], " ", suits[j+1])
end
```

A♣
K◇
9♣
5♣
2♣
5♡
6♣
4♣
J♡
A♠

　　這邊我們示範了如何模擬撲克牌洗牌的程式，不過在這個洗牌的過程中，我們使用的是非常簡單的演算法。若是要用在真實的遊戲中，使用公平的演算法是比較適當的作法。

　　我們額外介紹一個可以將陣列中的元素隨機重新排列的函式 randperm!，它是被包含在標準函式庫 Random 中。我們可以用這個函式來幫助我們做洗牌的動作，這需要事先載入函式庫。

In [58]:

```
using Random
```

　　我們試著給它一個一到十的陣列，讓它隨機重新排列。

In [59]:

```
randperm!(collect(1:10))
```

Out[59]:
10-element Array{Int64,1}:
 9
 1

```
3
4
6
10
8
7
5
2
```

▶ 案例研究：氣泡排序法（Bubble sort）

　　在這邊我們要再介紹另一個範例給大家。這裡要帶大家來實作一個最基本的排序演算法，這個排序演算法稱為**氣泡排序法（Bubble sort）**。一般來說我們的演算法是有明確的定義：

1. 需要有明確的輸入。

2. 明確的輸出。

3. 需要在有限的步驟內完成。

4. 當中的每個步驟都是明確而可執行的，不可以含糊。

　　演算法的設計其實與程式語言的實作無關，但是我們仍然需要一個可以表達我們想法的方式，這時候我們就會用一種非常近似於程式碼的寫作方式，稱為**虛擬程式碼（pseudocode）**。虛擬程式碼是不能夠被執行的，它也不能夠被編譯器所接受，虛擬程式碼只是表達了演算法的概念，讓人們比較好溝通，也可以協助演算法的設計。

　　氣泡排序法的概念是這樣的，我們可以從陣列的一開始檢查每一個元素，並且逐步將比較大的元素往後挪動，這樣一來，就可以將陣列的元素由小到大排序了。在每一次的元素檢查中，我們將元素跟下一個元素相比，如果目前的元素比較大，就把目前的元素跟下一個元素交換，接著把下一個元素設定成目前的元素繼續比較直到陣列的最後。

```
… □ □ □ □ □ □ …
… . . j j+1 . . …
```

　　一旦這樣做完一輪之後，你會發現最後一個元素一定是最大的元素，所以只需要檢查第一個到倒數第二個元素就可以了，所以可以做好幾輪直到所有元素都被排序完成。

　　我們來定義一下排序演算法的輸入以及輸出，一般來說，排序演算法的輸入會是一個尚未排序的陣列，而輸出則是一個已經排序好的陣列。氣泡排序法的演算法如下：

```
輸入：A 為一個大小為 n 的陣列
輸出：A
虛擬程式碼：
for i = 1:n
  for j = 1:(n-i)
    if A[j] > A[j+1]
      swap A[j] and A[j+1]
    end
  end
end
```

　　你會發現這個虛擬程式碼跟我們實際上的 Julia 程式碼並沒有差太多，差別會在中間的**交換（swap）**，那我們就來實作看看吧！

In [60]:

```julia
A = [16, 586, 1, 31, 354, 43, 3]  # 先隨便打一個陣列
n = length(A)

for i = 1:n
  for j = 1:(n-i)
    if A[j] > A[j+1]
      k = A[j]
      A[j] = A[j+1]
      A[j+1] = k
    end
  end
end
```

In [61]:

```
A
```

Out[61]:
7-element Array{Int64,1}:
```
   1
   3
  16
  31
  43
 354
 586
```

喔耶！我們成功了！

2. 集合

　　Julia 也提供了一個特別的集合容器，它就如同數學上的集合一樣，它不允許重複的元素，而且元素之間也沒有次序，所以他的每個元素都是唯一的。

　　我們要如何建立一個**集合（Sets）**呢？

In [62]:

```
x = Set([1, 2, 3, 4])
```

Out[62]:
Set([4, 2, 3, 1])

　　我們可以把一個陣列放入 Set() 中，它就可以建構一個集合了。

　　你可以增加這個集合的元素：

In [63]:

```
push!(x, 5)
```

Out[63]:
Set([4, 2, 3, 5, 1])

▶ 集合的運算及操作

元素與集合的關係

我們可以用 in 來確認一個元素是否存在在集合中：

In [64]:
```
 3 in x
```
Out[64]:
true

In [65]:
```
6 in x
```
Out[65]:
false

此外，我們還可以用 ∈ 來表示存在關係，它與 in 是等價的。

符號∈的輸入方式：\in + **Tab** 鍵

In [66]:
```
3 ∈ x
```
Out[66]:
true

集合與集合的關係

我們也可以確認一個集合是否為另一個集合的子集：

In [67]:
```
y = Set([1, 3, 5])
```
Out[67]:
Set([3, 5, 1])

確認 y 是否為 x 的子集，以下兩個運算式是一樣的意思：

In [68]:
```
 issubset(y, x)
```

Out[68]:
true

In [69]:

```
y ⊆ x
```

Out[69]:
true

　　符號⊑的輸入方式：\subseteq + **Tab** 鍵

　　我們也可以計算兩個集合的交集、聯集、差集等等。

In [70]:

```
y = Set([1, 3, 5, 7, 8])
```

Out[70]:
Set([7, 3, 5, 8, 1])

　　計算 x 跟 y 的交集，以下兩個運算式是一樣的意思：

In [71]:

```
intersect(x, y)
```

Out[71]:
Set([3, 5, 1])

In [72]:

```
 x ∩ y
```

Out[72]:
Set([3, 5, 1])

　　符號∩的輸入方式：\cap + **Tab** 鍵

　　計算 x 跟 y 的聯集，以下兩個運算式是一樣的意思：

In [73]:

```
union(x, y)
```

Out[73]:
Set([7, 4, 2, 3, 5, 8, 1])

In [74]:

```
 x ∪ y
```

Out[74]:
Set([7, 4, 2, 3, 5, 8, 1])

符號∪的輸入方式：\cup + **Tab** 鍵

計算 x 跟 y 的差集：

In [75]:
```
setdiff(x, y)
```
Out[75]:
Set([4, 2])

計算 y 跟 x 的差集：

In [76]:
```
setdiff(y, x)
```
Out[76]:
Set([7, 8])

集合的相等

數學上兩個集合相等的話，就表示兩個集合中有完全一樣的元素組合。

In [77]:
```
 x == Set([3, 2, 4, 1, 5])
```
Out[77]:
true

集合的迭代

你一樣可以把一個集合放到 for 迴圈中，它會將集合當中的元素一一取出，但是順序不保證是當初放進集合的順序：

In [78]:
```
for i in x
  println(i)
end
```

```
4
2
3
5
1
```

▶ **使用集合的範例**

使用集合來了解資料中的元素

　　一般來說，在資料的整理上常常利用集合的特性來了解這些資料當中有什麼樣的元素：

In [79]:
```
x = [15, 1, 84, 83, 1, 35, 16, 84, 6, 13, 35, 4, 6, 8, 46, 13]
```
Out[79]:
```
16-element Array{Int64,1}:
 15
  1
 84
 83
  1
 35
 16
 84
  6
 13
 35
  4
  6
  8
 46
 13
```

In [80]:
```
 Set(x)
```
Out[80]:
```
Set([16, 46, 35, 83, 8, 6, 84, 4, 13, 15, 1])
```

當資料中有重複而且很多種不同種類的值時，就可以用集合來幫助我們理解這些資料。

使用集合來比較不同批資料之間的異同

In [81]:
```julia
data1 = ["A", "B", "C", "B", "A", "B", "C", "A", "B"]
data2 = ["A", "B", "B", "D", "C", "A", "B", "A", "C", "A", "B", "A"];
```

很多時候我們處理這種類別型的資料，資料非常多，我們難以區分兩者的差異。我們希望知道 data1 中有哪些是 data2 中沒有的，或是反過來，知道 data2 中有哪些是 data1 中沒有的。這時候集合就是你的好幫手，我們可以利用集合先將重複的元素去除。

In [82]:
```julia
data1_set = Set(data1)
data2_set = Set(data2)
```
Out[82]:
```
Set(["B", "A", "C", "D"])
```

接下來，我們可以計算兩者的差集。

In [83]:
```julia
setdiff(data1_set, data2_set)
```
Out[83]:
```
Set(String[])
```

這樣的結果代表 data1 中沒有任何元素是 data2 中沒有的。

In [84]:
```julia
setdiff(data2_set, data1_set)
```
Out[84]:
```
Set(["D"])
```

然而 data2 中有「D」是 data1 中沒有的。這樣我們可以下一個結論是：data1 是 data2 的子集合。

In [85]:

```
data1_set    data2_set
```

Out[85]:
true

使用集合來儲存已知的元素

在很多程式設計的應用場景中，我們會需要知道目前已處理的元素有哪些，這時候我們可以用集合來幫助我們。假設我們要找出一堆資料當中，第一次出現的資料們的索引值，假設我們有這樣的資料：

In [86]:

```
data = [1, 3, 4, 5, 3, 4, 6, 1, 2, 2, 3, 4, 5, 3, 2, 6, 1];
```

我們希望知道像是所有的 3，第一次出現的位置是在索引 2 的地方。那麼我們可以這樣做：

In [87]:

```
seen = Set{Int64}()
for i = 1:length(data)
  if ~(data[i] in seen)
    println(data[i], " 首次出現的索引是 ", i)
    push!(seen, data[i])
  end
end
```

```
1 首次出現的索引是 1
3 首次出現的索引是 2
4 首次出現的索引是 3
5 首次出現的索引是 4
6 首次出現的索引是 7
2 首次出現的索引是 9
```

這邊的邏輯非常簡單，迭代這些資料，每次去確認這些資料是不是已經看過的資料。如果沒有看過，那就是第一次看到，就印出字樣並且把資料加進 seen 當中。如此便可以簡單地找出所有第一次出現的元素及索引值了。

3. 字典

　　我們介紹最後一個集合容器，它稱為**字典（Dictionaries）**。他是由**鍵（key）**和**值（value）**所組成的資料結構，它可以保存一個鍵並且對應到一個值，但是在這邊鍵必須唯一，也就是說不能有重複的鍵存在，不過重複的值是可以的。我們來看一下它怎麼使用，我們需要先創建一個字典，並且定義它的鍵 - 值的對應關係：

```
In [88]:
x = Dict("A" => 1, "B" => 2, "C" => 3)

Out[88]:
Dict{String,Int64} with 3 entries:
  "B" => 2
  "A" => 1
  "C" => 3
```

　　對應關係是：「A」對應到 1、「B」對應到 2、「C」對應到 3。而在字典的型別 Dict{String,Int64} 上也會記錄鍵的型別 String 與值的型別 Int64。我們可以藉由索引的方式來查詢值：

```
In [89]:
x["A"]

Out[89]:
1
```

　　如果查詢到不存在的鍵的時候，它會告訴你這個鍵不存在：

```
In [90]:
x["1"]

KeyError: key "1" not found
```

Stacktrace:
 [1] getindex(::Dict{String,Int64}, ::String) at ./dict.jl:478
 [2] top-level scope at In[90]:1

▶ 字典的運算及操作

增加新的鍵 - 值配對

　　我們可以藉由增加新的鍵 - 值配對來擴充現有的字典，只要很簡單的以指定方式指定值給特定的鍵就可以了：

In [91]:
```
x["D"] = 4
```
Out[91]:
4

In [92]:
```
x
```
Out[92]:
Dict{String,Int64} with 4 entries:
  "B" => 2
  "A" => 1
  "C" => 3
  "D" => 4

覆寫

　　如果你所指定的鍵已經存在了，那便會覆寫掉現有的值：

In [93]:
```
x["A"]
```
Out[93]:
1

In [94]:
```
x["A"] = 5
```
Out[94]:
5

In [95]:

```
x["A"]
```

Out[95]:
5

所有的鍵以及值

你可以藉由對一個字典，呼叫 keys 或是 values 來取得所有的鍵或是值。

In [96]:

```
keys(x)
```

Out[96]:
Base.KeySet for a Dict{String,Int64} with 4 entries. Keys:
  "B"
  "A"
  "C"
  "D"

In [97]:

```
values(x)
```

Out[97]:
Base.ValueIterator for a Dict{String,Int64} with 4 entries. Values:
  2
  5
  3
  4

迭代

你一樣可以把字典放進 for 迴圈當中，迴圈會一個一個把鍵 - 值配對給抓出來，例如以下的程式碼中，k 是鍵，v 是值。

In [98]:

```
for (k, v) in x
    println(k, "->", v)
end
```

B->2
A->5

```
C->3
D->4
```

▶ 使用字典的範例

使用字典來統計資料

我們前面使用過陣列來做資料的統計，但有其限制，相當不方便。使用字典的話就可以大大的改善，我們就再重新用字典實作一次這個範例。

In [99]:

```
data = [94, 88, 82, 92, 93, 93, 83, 90, 85, 91, 92, 88, 93, 95, 89, 90, 82];
```

我們可以先創造一個空的字典，其中鍵與值的型別都是 Int64。我們拿鍵來表示成績，值則是計數的次數。我們從資料中拿出一筆筆成績，確認成績是否存在在字典的鍵 keys(grades) 中，如果存在就代表這筆成績已經有記錄過，我們只需要在它所對應的值上加一即可。如果不曾記錄過，那就只要新增一筆記錄就可以了。

In [100]:

```
grades = Dict{Int64, Int64}()
for g in data
  if g in keys(grades)
    grades[g] += 1
  else
    grades[g] = 1
  end
end
```

In [101]:

```
grades
```

Out[101]:
Dict{Int64,Int64} with 11 entries:
  89 => 1
  91 => 1
  85 => 1

```
82 => 2
83 => 1
88 => 2
92 => 2
95 => 1
90 => 2
93 => 3
94 => 1
```

我們一樣可以得到成績統計的結果囉！

使用字典來分類資料

很多時候資料是混雜在一起的，這時候我們可以利用字典來幫我們做資料的分類。假設我們有以下的資料，這些資料我們可以根據不同的型別來做區分，有些資料是整數、字串或是浮點數等等。我們可以利用字典來幫我們分類不同的資料型別。

In [102]:

```
data = [2, "a", 'b', 3.0, 5, 'a', 3.2, "123"];
```

這邊我們會先建立一個字典的對應關係，我們根據不同的分類分別把東西裝起來，在這邊我們用鍵來代表分類，用值來裝東西。在這邊我們的值會是一個陣列 TYPE[]，這個陣列可以裝入我們的資料，所以我們先建立一個從分類對應到陣列配對關係的字典。接著，我們根據不同的資料型別 x isa TYPE 來判斷這些資料該放到哪一個陣列當中。

In [103]:

```
classes = Dict("int" => Int64[], "str" => String[], "char" => Char[], "float" => Float64[])
for x in data
  if x isa Integer
    push!(classes["int"], x)
  elseif x isa String
    push!(classes["str"], x)
  elseif x isa Char
    push!(classes["char"], x)
  elseif x isa Float64
    push!(classes["float"], x)
  end
end
```

值得注意的是，很多人會對 push!(classes["int"], x) 這樣的語法感到困惑。classes 是一個字典，而 classes["int"] 則是從字典中根據鍵取出來的值，所以現在它是一個陣列。push!(classes["int"], x) 就是把變數 x 放進陣列 classes["int"] 中。

In [104]:
```
classes
```
Out[104]:

```
Dict{String,Array{T,1} where T} with 4 entries:
  "int"   => [2, 5]
  "str"   => ["a", "123"]
  "char"  => ['b', 'a']
  "float" => [3.0, 3.2]
```

最後，我們得到了分類好的資料。

使用字典來查詢資料

字典儲存的是資料的對應關係，索引字典就是對字典中資料的查詢，所以我們可以用來做資料的查詢。假設我們已知以下的對應關係：

In [105]:
```
eng_letter = Dict("1" ⇒ "a", "2" ⇒ "b", "3" ⇒ "c")
greek_letter = Dict("1" ⇒ "α", "2" ⇒ "β", "3" ⇒ "γ")
zhuyin_letter = Dict("1" ⇒ "ㄅ", "2" ⇒ "ㄆ", "3" ⇒ "ㄇ")
```
Out[105]:
```
Dict{String,String} with 3 entries:
  "1" => "ㄅ"
  "2" => "ㄆ"
  "3" => "ㄇ"
```

我們可以像這樣去查詢不同的英文字母、希臘字母或是注音符號。

In [106]:
```
eng_letter["1"]
```
Out[106]:
"a"

In [107]:

```
greek_letter["2"]
```

Out[107]:
" β "

In [108]:

```
zhuyin_letter["3"]
```

Out[108]:
" ㄇ "

使用字典作為對應

我們可以進一步以查詢到的值，再一次的作為鍵去做查詢。假設我們有以下的英文字母與希臘文字母的**對應關係（map）**，可以做到像以下的效果：

In [109]:

```
eng2greek = Dict("a"  ⇒  " α ", "b"  ⇒  " β ", "c"  ⇒  " γ ")
greek2eng = Dict(" α "  ⇒   "a", " β "  ⇒  "b", " γ "  ⇒  "c")
eng2zhuyin = Dict("a"  ⇒  " ㄅ ", "b"  ⇒  " ㄆ ", "c"  ⇒  " ㄇ ")
```

Out[109]:
Dict{String,String} with 3 entries:
 "c" ⇒ " ㄇ "
 "b" ⇒ " ㄆ "
 "a" ⇒ " ㄅ "

　　一般，我們可以用英文字母對應到希臘字母，我們可以指定給 a。

In [110]:

```
a = eng2greek["a"]
```

Out[110]:
" α "

　　然後將 a 再作為鍵去查詢，我們可以得到相對應的英文字母。

In [111]:

```
greek2eng[a]
```

Out[111]:
"a"

　　甚至我們可以將兩者串起來，先透過 greek2eng 轉換成英文字母，再透過 eng2zhuyin 將英文字母對應到注音符號。

In [112]:
```
eng2zhuyin[greek2eng[a]]
```
Out[112]:
"ㄅ"

4. 生成式

　　生成式（Comprehensions）是一個非常好用而簡便的語法糖，可以用來產生一個初始化好的陣列，可以直接使用。很多時候我們需要先準備一些資料，才能供後續的運算。

 小叮嚀

　　語法糖指的是在語法上比較便利的表示法，可以省去不少繁雜的語法。語法糖在背後會展開為原本較為複雜的語法版本進行運算。

　　當我們需要一個 1 到 10 數字的平方所組成的陣列，我們一般會這樣寫：

In [113]:
```
x = Int64[]
for i = 1:10
    push!(x, i^2)
end
```

　　我們會用一個陣列 x 來裝這些結果，所以我們將所有 1 到 10 的數字平方後，放到陣列 x 中。

In [114]:

```
x
```

Out[114]:
10-element Array{Int64,1}:
　　1
　　4
　　9
　 16
　 25
　 36
　 49
　 64
　 81
　100

　　於是我們得到了這樣的結果。不過生成式可以讓我們有不一樣的產生方式。我們可以想像一樣是由一個 for 迴圈形成，一樣有 for i = 1:10 的結構，而 for 迴圈的前面則是一個**表達式（expression）**，可以直接計算結果。生成式會將表達式運算的結果蒐集起來成為一個陣列。

In [115]:

```
[i^2 for i = 1:10]
```

Out[115]:
10-element Array{Int64,1}:
　 1
　 4
　 9
　16
　25
　36
　49
　64
　81
　100

生成式的語法結構如下：

[表達式 for ...]

如果我們只要偶數的數字平方，那麼我們可以在後面加上 if 條件判斷式，這個 if 條件判斷式會篩選變數 i 的條件。篩選過的才去運算表達式。

In [116]:

```
[i^2 for i = 1:10 if i % 2 == 0]
```

Out[116]:
5-element Array{Int64,1}:
    4
   16
   36
   64
  100

甚至如果有兩層迴圈需要迭代，那麼可以用 , 隔開，那麼就可以一口氣產生一個二維陣列。

In [117]:

```
[(i, j) for i = 1:10, j = 1:10]
```

Out[117]:
10 × 10 Array{Tuple{Int64,Int64},2}:
(1, 1) (1, 2) (1, 3) (1, 4) ⋯ (1, 7) (1, 8) (1, 9) (1, 10)
(2, 1) (2, 2) (2, 3) (2, 4)   (2, 7) (2, 8) (2, 9) (2, 10)
(3, 1) (3, 2) (3, 3) (3, 4)   (3, 7) (3, 8) (3, 9) (3, 10)
(4, 1) (4, 2) (4, 3) (4, 4)   (4, 7) (4, 8) (4, 9) (4, 10)
(5, 1) (5, 2) (5, 3) (5, 4)   (5, 7) (5, 8) (5, 9) (5, 10)
(6, 1) (6, 2) (6, 3) (6, 4) ⋯ (6, 7) (6, 8) (6, 9) (6, 10)
(7, 1) (7, 2) (7, 3) (7, 4)   (7, 7) (7, 8) (7, 9) (7, 10)
(8, 1) (8, 2) (8, 3) (8, 4)   (8, 7) (8, 8) (8, 9) (8, 10)
(9, 1) (9, 2) (9, 3) (9, 4)   (9, 7) (9, 8) (9, 9) (9, 10)
(10, 1) (10, 2) (10, 3) (10, 4)   (10, 7) (10, 8) (10, 9) (10, 10)

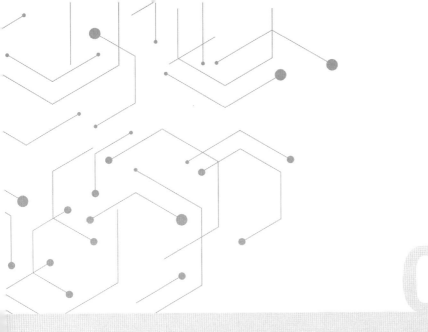

字元、字串與正規表達式

1. 字元與字串

　　字串是很常用到的物件，但是字串並不是最基本的元件，一個字串可以視為多個**字元**（characters）的序列組合，而且程式的內部運作也是如此的。我們可以把一個字串看成是一種集合容器，但是這個集合容器有**不可變**（immutable）的特性，後續會詳加介紹這個特性。

2. 字元

　　字元是組成字串的基本單元，一般程式語言會支援的是 ASCII 這個電腦編碼系統的字元，它需要用單引號將字元括起來。

In [1]:
```
'A'
```
Out[1]:
'A': ASCII/Unicode U+0041 (category Lu: Letter, uppercase)

In [2]:
```
'a'
```
Out[2]:
'a': ASCII/Unicode U+0061 (category Ll: Letter, lowercase)

▶ 字元用單引號，字串用雙引號

　　在 Julia 中，要表示一個字元需要以單引號括起來，要表示一個字串的話則需要以雙引號括起來。

In [3]:
```
typeof('A')
```
Out[3]:
Char

In [4]:

```
typeof("A")
```
Out[4]:
String

▶ 字元其實是有相對應的整數

　　在電腦中,每一個字元其實有其對應的整數,整數會以二進制的方式儲存在硬體中。一般我們最常見的是 ASCII 編碼,它定義了 128 個字元,涵蓋了目前的 26 個英文字母、數字及英式標點符號。我們可以試著把字元轉成整數看看:

In [5]:
```
Int('A')
```
Out[5]:
65

　　我們如果已知整數相對應的字元,也可以將整數轉為字元:

In [6]:
```
Char(65)
```
Out[6]:
'A': ASCII/Unicode U+0041 (category Lu: Letter, uppercase)

　　這樣我們就知道字元大寫 A 對應的是 65 這個數字,我們可以看看 B 對應誰?

In [7]:
```
Int('B')
```
Out[7]:
66

▶ 字元能適用加法嗎?

　　既然字元能夠轉換成整數,那麼字元可以相加嗎?

In [8]:

```
'A' + 1
```

Out[8]:
'B': ASCII/Unicode U+0042 (category Lu: Letter, uppercase)

In [9]:

```
'C' - 2
```

Out[9]:
'A': ASCII/Unicode U+0041 (category Lu: Letter, uppercase)

　　在 Julia 中，字元是可以跟整數互相做加減法的，不過沒有辦法做乘除法喔！

In [10]:

```
'A' * 2
```

MethodError: no method matching *(::Char, ::Int64)
Closest candidates are:
　*(::Any, ::Any, !Matched::Any, !Matched::Any...) at operators.jl:502
　*(!Matched::Complex{Bool}, ::Real) at complex.jl:300
　*(!Matched::Missing, ::Number) at missing.jl:97
　...

Stacktrace:
　[1] top-level scope at In[10]:1

▶ 字元可以比較大小嗎？

　　字元可以轉換成整數，那就可以用來比較大小，比較大小是依據整數的大小喔！

In [11]:

```
'C' > 'A'
```

Out[11]:
true

In [12]:

```
'a' > 'A'
```

Out[12]:
true

In [13]:

```
Int('a')
```

Out[13]:
97

我們還可以透過相減來知道這兩個字元之間的差距有多少：

In [14]:

```
'a' - 'A'
```

Out[14]:
32

3. 字串

在 Julia 中，無論由多少個字元組成，用雙引號括起來的就會被認為是**字串（strings）**。前面有提到過，字串有不可變的特性，也就是一旦字串被創造出來，字串是不能被修改的，不能變長，也不能變短，所以如果要對字串做操作的話，只會產出新的字串，是會占據記憶體空間的。

In [15]:

```
x = "Hello World!"
```

Out[15]:
"Hello World!"

字串也可以用 3 個雙引號括起來，這樣的字串就可以支援多行：

In [16]:

```
"""Hello World!"""
```

Out[16]:
"Hello World!"

In [17]:

```
"""Hello
World
!
"""
```

Out[17]:
"Hello\nWorld\n!\n"

▶ 索引

我們可以把字串看成像陣列那樣，可以取出當中的值，這個方式稱為**索引（indexing）**，當然在這邊取出來的值就是字元啦！

In [18]:
```
x[1]
```
Out[18]:
'H': ASCII/Unicode U+0048 (category Lu: Letter, uppercase)

像陣列一樣有支援 end 關鍵字，所以可以取倒數第二個字元：

In [19]:
```
x[end-1]
```
Out[19]:
'd': ASCII/Unicode U+0064 (category Ll: Letter, lowercase)

或是只想要取字串當中的一部分，稱為**子字串（substring）**：

In [20]:
```
x[3:5]
```
Out[20]:
"llo"

▶ Unicode 及 UTF-8

遇到含有 Unicode 的字串就會比較麻煩一點，一般來說，一個 ASCII 字元會使用 8 位元來表示，也就是一個位元組（bytes），不過 Unicode 中不同的編碼方式有不同的大小，像是常見的 UTF-8 字元會占據 1 到 4 個不等的位元組，而 UTF-32 字元則是 4 個位元組。一般我們存取 ASCII 字元所組成的字串不會有問題，是因為剛好每個位置都對應一個位元組，而一個 ASCII 字元也使用一個位元組。我們來看以下的例子：

In [21]:

```
s = "\u2200 x \U2203 y"
```

Out[21]:
" ∀ x ∃ y"

In [22]:

```
s[1]
```

Out[22]:
' ∀ ': Unicode U+2200 (category Sm: Symbol, math)

In [23]:

```
s[2]
```

StringIndexError(" ∀ x ∃ y", 2)

Stacktrace:
 [1] string_index_err(::String, ::Int64) at ./strings/string.jl:12
 [2] getindex_continued(::String, ::Int64, ::UInt32) at ./strings/string.jl:218
 [3] getindex(::String, ::Int64) at ./strings/string.jl:211
 [4] top-level scope at In[23]:1

In [24]:

```
 s[3]
```

StringIndexError(" ∀ x ∃ y", 3)

Stacktrace:
 [1] string_index_err(::String, ::Int64) at ./strings/string.jl:12
 [2] getindex_continued(::String, ::Int64, ::UInt32) at ./strings/string.jl:218
 [3] getindex(::String, ::Int64) at ./strings/string.jl:211
 [4] top-level scope at In[24]:1

In [25]:

```
 s[4]
```

Out[25]:
' ': ASCII/Unicode U+0020 (category Zs: Separator, space)

　　從以上的例子，我們可以看到第一個 UTF-8 字元是從 1 開始起算，中間存取 2 跟 3 會被拒絕，因為 1、2、3 都是被第一個 UTF-8 字元給占據，也就是這個字元用了 3 個位元組。

▶ 下一個索引值

我們可以用 nextind 來知道下一個字元的存取位置，也就是**索引值 （index）**，在哪裡：

In [26]:
```
nextind(s, 1)
```
Out[26]:
4

In [27]:
```
s[4]
```
Out[27]:
' ': ASCII/Unicode U+0020 (category Zs: Separator, space)

▶ 對字串的操作

字串長度

我們可以用 length 來取得字串的大小，它會顯示字串的字元數目，不是所占的位元組數喔！

In [28]:
```
length(s)
```
Out[28]:
7

相等

字串的相等很簡單，只要當中的每個字元都相等，順序也完全一致，那麼這兩個字串就是一樣的。

In [29]:
```
x = "1 + 2 = 3"
```
Out[29]:
"1 + 2 = 3"

In [30]:
```
x == "1 + 2 = 3"
```
Out[30]:
true

包含子字串

我們可以透過 occursin 來確認某一個子字串是否存在在字串當中。

In [31]:
```
occursin("na", "banana")
```
Out[31]:
true

以上的意思是「na」子字串是否有在「banana」字串中。

案例研究：字串的分析

一般網頁會使用 HTML 格式做為網頁格式，我們會試著去分析 HTML 格式中的資料內容，這個時候我們就可以利用字串的分析來達成。像是我們可以透過尋找字串中的子字串，來得知 HTML 資料內容中有什麼樣的標籤。我們可以透過字串長度來得知網頁篇幅的大小等等。我們接下來要示範如何分析一段 HTML 格式的資料。

In [32]:
```
html = "<html><head></head><body><h1>Welcome to Julia!</h1><div>ABC</div></
body></html>"
```
Out[32]:
"<html><head></head><body><h1>Welcome to Julia!</h1> ABC </
body></html>"

In [33]:
```
 length(html)
```
Out[33]:
79

透過 length 函式我們可以知道字串當中有幾個字元。

In [34]:

```
occursin("<h1>", html)
```

Out[34]:
true

這樣我們可以知道字串當中有使用到 h1 標籤。

In [35]:

```
 occursin("<h2>", html)
```

Out[35]:
false

不過字串當中並沒有使用到 h2 標籤。

字串的串接

如果要將多個字串串接起來的話，最常用的是 * 運算子：

In [36]:

```
 x * "123" * "abc"
```

Out[36]:
"1 + 2 = 3123abc"

或是我們可以利用 string 將字串之間串接起來：

In [37]:

```
x = "Today"
y = "Sunday"
string(x, " is ", y)
```

Out[37]:
"Today is Sunday"

字串內插（Interpolation）

不過我們還可以用內插的方式：

In [38]:

```
 "$x is $y"
```

Out[38]:
"Today is Sunday"

$ 後面代表的是變數名稱，所以它會將變數的值內插到這個字串當中，以這種方式是不是看起來比較簡潔明瞭呢？

除此之外，我們還可以將運算式放在 $() 當中，如此一來，它會先運算完，並且將結果內插於字串當中：

In [39]:
```
"1 + 2 = $(1 + 2)"
```
Out[39]:
"1 + 2 = 3"

用 join 串接字串

如果想做相反的操作，我們可以把陣列中的字串都用某個分隔符串接起來：

In [40]:
```
 join(["apples", "bananas", "pineapples"], ", ")
```
Out[40]:
"apples, bananas, pineapples"

In [41]:
```
 join(["apples", "bananas", "pineapples"], ", ", " and ")
```
Out[41]:
"apples, bananas and pineapples"

所以你會看到在每兩個字串的中間會被加上 ","並且串接起來。我們可以有兩種以上的分隔符：

In [42]:
```
join(["apples", "bananas", "pineapples", "grapes", "watermelon"], ", ", " and ")
```
Out[42]:
"apples, bananas, pineapples, grapes and watermelon"

第一個參數代表分隔符，第二個參數則是最後一個分隔符，並且把字串串接起來。

重複多次

我們可以把同一個字串重複多次之後串接起來：

In [43]:

```
repeat(x, 10)
```

Out[43]:
"TodayTodayTodayTodayTodayTodayTodayTodayTodayToday"

repeat 會幫你把 x 字串重複 10 次之後串接起來。

案例研究：字串的生成

當我們了解一個 HTML 格式的結構時，我們或許就可以生成一份網頁格式，其中包含自己想要的內容。我們可以透過字串的生成來達成。假設我們需要將 Welcome to Julia! 字樣變成標題，然後有一個 <div> 的標籤，裡頭包含 ABC 字樣。我們可以先將這兩者分別產生出來，然後透過字串內插來得到兩者的組合，或是用串接也可以。

In [44]:

```
a = "<h1>Welcome to Julia!</h1>"
b = "<div>ABC</div>"
c = "$a$b"
```

Out[44]:
"<h1>Welcome to Julia!</h1><div>ABC</div>"

接著，需要進一步增加 HTML 格式的結構，所以增加了 head 與 body 的標籤，再進一步套入 html 標籤中。

In [45]:

```
body = "<body>$c</body>"
head = "<head></head>"
html = "<html>$head$body</html>"
```

Out[45]:
"<html><head></head><body><h1>Welcome to Julia!</h1> ABC </body></html>"

字串的切分

　　我們可以依據資料的規則性，來切分字串：

In [46]:

```
split("1,2,3,4,5,6", ",")
```

Out[46]:
6-element Array{SubString{String},1}:
 "1"
 "2"
 "3"
 "4"
 "5"
 "6"

　　split 可以依據不同的分隔符來做切分，在上面的程式碼中，分隔符是 ","，所以 "1,2,3,4,5,6" 就會在每次看到 "," 時切出一個子字串，最後會用陣列將這些字串蒐集起來。

字串的取代

　　如果你想要將字串中的某些部分取代成其他的字串，可以這麼做：

In [47]:

```
replace("1 2 3 4 5", " " => ",")
```

Out[47]:
"1,2,3,4,5"

　　上面程式碼的意思是，將 "1 2 3 4 5" 裡的 " " 都取代成 ","。

案例研究：文字解析

　　文字解析與文字分析的不同在於，文字分析可以得知這段文字當中的內容有什麼，而文字解析則是將這段文字的語法推論或架構出來，讓電腦得以理解。文字解析的主要目的是讓電腦理解資料中的內涵，但是往往只能做到一定的程度而已。

　　如果我們要把以下的文字解析成電腦可以運算的數字，要怎麼做呢？

In [48]:

```
matrix = """1, 2, 3, 4
5, 6, 7, 8
9, 10, 11, 12"""
```

Out[48]:
"1, 2, 3, 4\n5, 6, 7, 8\n9, 10, 11, 12"

我們要對文字做處理，可以先針對不同行先切分，所以分隔符是「\
n」，這是代表「換行」的符號，它也是一種跳脫字元，在 Julia 中，跳脫
字元會以 \ 做起始，它可以用來表示那些不可列印的字元。

In [49]:

```
 rows = split(matrix, "\n")
```

Out[49]:
3-element Array{SubString{String},1}:
 "1, 2, 3, 4"
 "5, 6, 7, 8"
 "9, 10, 11, 12"

接著，可以用兩層的 for 迴圈分別去處理列以及每一個元素，要把每
一列也依據分隔符切開，切開後的元素需要經由 Meta.parse 函式來轉成
整數，然後把整數存進陣列中。

In [50]:

```
A = Int64[]
for row in rows
  elements = split(row, ", ")
  for e in elements
    append!(A, Meta.parse(e))
  end
end
```

In [51]:

```
A
```

Out[51]:
12-element Array{Int64,1}:

```
1
2
3
4
5
6
7
8
9
10
11
12
```

　　所以我們就成功得到解析完的結果了！

4. 字串字符化

　　字符（token）是電腦可以辨識的一個基本單元，我們可以透過字串字符化（tokenize）來取得一個字串的基本單元。有了基本單元，我們可以進一步讓電腦去處理這些訊息。這樣等於是將電腦所不認識的字串，轉成電腦能處理的資料結構來運算。

5. 正規表達式

　　正規表達式（Regular expression）是在程式設計中非常常用的方法，它可以幫助我們在文字當中辨識特定的模式。透過模式的辨識我們可以擷取一段文字當中的特定片段，如此一來，我們可以對這些片段做取代、消除或者是分割等等動作。透過正規表達式我們也可以做文字的分析，以及文字的解析。

▶ 文字當中的模式

　　一段文字當中都有其特別的模式可以做為辨識的特徵，像是生日的模式為 YYYY-MM-DD，電子郵件的模式為 XXX@YYY，以及身分證字號的模式為 A123456789。像這樣有固定模式的特定片段我們可以用正規表達式來辨識。

In [52]:
```
"1990-02-10"
```
Out[52]:
"1990-02-10"

In [53]:
```
"abc123@gmail.com"
```
Out[53]:
"abc123@gmail.com"

In [54]:
```
"F152456224"
```
Out[54]:
"F152456224"

▶ 用正規表達式表達模式

剛剛舉例的生日的模式，我們可以用正規表達式表示為：

In [55]:
```
r"\d{4}-\d{2}-\d{2}"
```
Out[55]:
r"\d{4}-\d{2}-\d{2}"

\d 代表一個數字，後方的 {} 則代表重複多少次，\d{4} 代表有 4 次重複的數字，模式中間會以 - 隔開。我們再來看身分證字號的模式，用正規表達式表示為：

In [56]:
```
r"[A-Z]\d{9}"
```
Out[56]:
r"[A-Z]\d{9}"

　　[A-Z] 代表單一個大寫英文字母 A 到 Z。電子郵件的模式則可以用正規表達式表示為：

```
In [57]:
r"^[a-zA-Z0-9_.+-]+@[a-zA-Z0-9-]+\.[a-zA-Z0-9-.]+$"
```
```
Out[57]:
r"^[a-zA-Z0-9_.+-]+@[a-zA-Z0-9-]+\.[a-zA-Z0-9-.]+$"
```

　　我們可以看到開頭有 ^ 代表強制要以某個模式起頭，結尾有 $ 代表強制以某個模式結尾。[a-zA-Z0-9_.+-] 裡頭代表可以存在的字符，裡頭包含了英文字母大小寫、數字、底線、點及加減號，而中括弧後的 + 代表這樣的字符至少出現一次以上。整體結構經過理解過後其實不那麼複雜，另外，點在正規表達式中有特殊的意義，所以需要表示 . 這個字符的話要使用跳脫符號 \.。

▶ 使用正規表達式處理字串資料

　　那我們接下來就利用正規表達式來處理字串資料。我們可以在一段文字當中，去辨識特定的模式，來尋找這段字串當中是不是有特定的模式。如果有特定的模式存在我們可以做進一步的操作。

找尋字串

　　occursin 可以幫我們尋找這個模式是否存在在字串當中，像是如果我們要檢查一段字串是不是註解，通常我們註解是以 # 開頭，所以我們可以以這個為模式，將這樣的模式寫成正規表達式作為第一個參數，要尋找的字串作為第二個參數。

```
In [58]:
occursin(r"^#", "# a comment")
```
```
Out[58]:
true
```

代換子字串

　　我們也可以用來取代子字串，replace 可以接受要取代的字串作為第一個參數，第二個參數是一個 Pair 型別，箭頭的前方要放欲取代的模式或字串，箭頭的後方要放取代成什麼樣的模式或字串。像以下會把 se 開頭的字取代成「third」。

In [59]:
```
replace("first second", r"se\w+" => "third")
```
Out[59]:
"first third"

分割子字串

我們也可以將找到特定的模式做分割。像以下例子，會去尋找 , 或是 and，然後將它分割開來。

In [60]:
```
split("Apple, Banana and Honey", r",|and")
```
Out[60]:
3-element Array{SubString{String},1}:
 "Apple"
 " Banana "
 " Honey"

模式匹配

在正規表達式中，最強大的功能莫過與**模式匹配（pattern matching）**了。它可以幫我們捕捉模式是否存在在字串中，還可以捕捉當中的子字串。一般都會使用 match 函式，第一個參數接受正規表達式，第二個參數則是字串。

In [61]:
```
m = match(r"co\w+", "# a comment")
```
Out[61]:
RegexMatch("comment")

這邊我們在尋找以 co 開頭的字，找到之後，我們可以從 m.match 中取出匹配的結果。

In [62]:

```
m.match
```

Out[62]:
"comment"

　　或是這個模式存在在字串的哪個位置上。

In [63]:

```
m.offset
```

Out[63]:
5

使用群組捕捉特定子字串

　　我們可以用**群組（group）**進一步捕捉特定的模式，群組是由小括弧組成，被括在小括弧中的模式是會被捕捉到的。這邊有三個群組，有捕捉到的群組會依照順序給序號。

In [64]:

```
m = match(r"(a|b)(c)?(d)", "acd")
```

Out[64]:
RegexMatch("acd", 1="a", 2="c", 3="d")

　　m.captures 可以捕捉到不同群組特定的子字串。

In [65]:

```
m.captures
```

Out[65]:

3-element Array{Union{Nothing, SubString{String}},1}:
 "a"
 "c"
 "d"

　　m.offsets 會記錄不同群組子字串上的起始位置。

In [66]:

```
m.offsets
```

```
Out[66]:
3-element Array{Int64,1}:
 1
 2
 3
```

為捕捉到的子字串命名

　　在 Julia 裡，可以為特定模式的子字串命名，這需要寫在群組當中，語法為 (?< 名稱 > 模式)。

```
In [67]:
m = match(r"(?<hour>\d+):(?<minute>\d+)","12:45")
```
```
Out[67]:
RegexMatch("12:45", hour="12", minute="45")
```

　　這麼一來，我們就可以用這些命名來取得這些子字串了。

```
In [68]:
m[:minute]
```
```
Out[68]:
"45"
```

▶ 案例研究：擷取 HTML 網頁資訊

　　以下提供了在 Google 搜尋 julialang 的結果。我們來練習把其中的網址擷取出來。

```
In [69]:
html = """<!doctype html>
<html itemscope="" itemtype="http://schema.org/SearchResultsPage" lang="zh-TW">

<head>
  <title>julialang - Google 搜尋 </title>
</head>
<body class="srp tbo vasq" marginheight="3" topmargin="3" id="gsr">
  <h2 class="bNg8Rb"> 網頁搜尋結果 </h2>
```

```
<div class="rc">
  <div class="r"><a href="https://github.com/JuliaLang" ping="/url?sa=t&amp;sou
rce=web&amp;rct=j&amp;url=https://github.com/JuliaLang&amp;ved=2ahUKEwi52Z
vFpuzgAhVGW7wKHSrHAPUQFjAHegQIAxAB">
      <h3 class="LC20lb">The Julia Language • GitHub</h3>
    </a></div>
  <div class="s">
      <div><span class="st">@<em>JuliaLang</em>. The Julia Language. A fresh
approach to numerical computing. https://<em>julialang</em>.org/; Verified. We've
verified ... docs.<em>julialang</em>.org. Repository for ...</span></div>
    </div>
  </div>
  <div class="rc">
    <div class="r"><a href="https://github.com/JuliaLang/julia" ping="/url?sa=t&am
p;source=web&amp;rct=j&amp;url=https://github.com/JuliaLang/julia&amp;ved=2a
hUKEwi52ZvFpuzgAhVGW7wKHSrHAPUQFjAIegQIABAB">
          <h3 class="LC20lb">GitHub - JuliaLang/julia: The Julia Language: A fresh
approach to ...</h3>
      </a></div>
    <div class="s">
        <div><span class="st">The main homepage for Julia can be found at
<em>julialang</em>.org. This is
            the GitHub repository of Julia source code, including instructions for
compiling and
          installing<wbr> ...</span></div>
    </div>
  </div>
  <div class="rc">
    <div class="r"><a href="https://en.wikipedia.org/wiki/Julia_(programming_
language)" ping="/url?sa=t&amp;source=web&amp;rct=j&amp;url=https://
en.wikipedia.org/wiki/Julia_(programming_language)&amp;ved=2ahUKEwi52ZvFpuz
gAhVGW7wKHSrHAPUQFjAJegQIAhAB">
        <h3 class="LC20lb">Julia (programming language) - Wikipedia</h3>
      </a></div>
    <div class="s">
        <div><span class="st">Website, <em>JuliaLang</em>.org. Influenced by. C •
Lisp • Lua • Mathematica
            (strictly its Wolfram Language); MATLAB • Perl • Python • R • Ruby •
Scheme. Julia is a
```

```
            high-<wbr>level general-purpose dynamic programming language whose
designers intend<wbr> ...</span>
        </div>
      </div>
    </div>
    <div class="rc">
      <div class="r"><a href="https://twitter.com/hashtag/julialang" ping="/url?sa=t&
amp;source=web&amp;rct=j&amp;url=https://twitter.com/hashtag/julialang&amp;v
ed=2ahUKEwi52ZvFpuzgAhVGW7wKHSrHAPUQFjAKegQIARAB">
          <h3 class="LC20lb">#julialang hashtag on Twitter</h3>
        </a></div>
      <div class="s">
        <div><span class="st">See Tweets about #<em>julialang</em> on Twitter. See
what people are saying
          and join the conversation.</span></div>
      </div>
    </div>
    <div class="rc">
      <div class="r"><a href="https://www.instagram.com/julialang/" ping="/url?sa=t
&amp;source=web&amp;rct=j&amp;url=https://www.instagram.com/julialang/&am
p;ved=2ahUKEwi52ZvFpuzgAhVGW7wKHSrHAPUQFjALegQICRAB">
          <h3 class="LC20lb">Julia Lang (@julialang) • Instagram photos and videos</
h3>
        </a></div>
      <div class="s">
          <div><span class="st">54.3k Followers, 526 Following, 3502 Posts - See
Instagram photos and videos
            from Julia Lang (@<em>julialang</em>)</span></div>
      </div>
    </div>
    <div class="rc">
      <div class="r"><a href="https://gitter.im/JuliaLang/julia" ping="/url?sa=t&amp;s
ource=web&amp;rct=j&amp;url=https://gitter.im/JuliaLang/julia&amp;ved=2ahUKE
wi52ZvFpuzgAhVGW7wKHSrHAPUQFjAMegQICBAB">
          <h3 class="LC20lb">JuliaLang/julia - Gitter</h3>
        </a></div>
      <div class="s">
```

```
        <div><span class="st">Where communities thrive. Free for communities. Join
over 800K+ people: Join
                over 90K+ communities: Create your own community. Explore more
communities.</span></div>
    </div>
  </div>
</body>

</html>
""";
```

我們這邊使用 eachmatch 將每一個符合模式的子字串找出來，會找到多個字串。利用群組將我們要擷取的部分取出。要注意的是，在字串中出現的雙引號前方要加上反斜線以標示成跳脫字元。

In [70]:

```
ms = eachmatch(r"<a href=\"([\w\.\/:]+)\".*>", html)
```

Out[70]:
Base.RegexMatchIterator(r"<a href=\"([\w\.\/:]+)\".*>", "<!doctype html>\n<html itemscope=\"\" itemtype=\"http://schema.org/SearchResultsPage\" lang=\"zh-TW\">\n\n<head>\n   <title>julialang - Google　搜　尋</title>\n</head>\n\n<body class=\"srp tbo vasq\" marginheight=\"3\" topmargin=\"3\" id=\"gsr\">\n   <h2 class=\"bNg8Rb\"> 網頁搜尋結果 </h2>\n   <div class=\"rc\">\n   <div class=\"r\"><a href=\"https://github.com/JuliaLang\" ping=\"/url?sa=t&source=web&rct=j&url=https://github.com/JuliaLang&ved=2ahUKEwi52ZvFpuzgAhVGW7wKHSrHAPUQFjAHegQIAxAB\">\n   <h3 class=\"LC20lb\">The Julia Language • GitHub</h3>\n   </a></div>\n   <div class=\"s\">\n<div><span class=\"st\">@<em>JuliaLang</em>. The Julia Language. A fresh approach to numerical computing. https://<em>julialang</em>.org/; Verified. We've verified ... docs.<em>julialang</em>.org. Repository for ...</span></div>\n   </div>\n   </div>\n   <div class=\"rc\">\n   <div class=\"r\"><a href=\"https://github.com/JuliaLang/julia\" ping=\"/url?sa=t&source=web&rct=j&url=https://github.com/JuliaLang/julia&ved=2ahUKEwi52ZvFpuzgAhVGW7wKHSrHAPUQFjAlegQIABAB\">\n   <h3 class=\"LC20lb\">GitHub - JuliaLang/julia: The Julia Language: A fresh approach to ...</h3>\n   </a></div>\n   <div class=\"s\">\n<div><span class=\"st\">The main homepage for Julia can be found at <em>julialang</em>.org. This is\n   the GitHub repository of Julia source code, including
```
```

instructions for compiling and\n   installing<wbr> ...</span></div>\n
</div>\n   </div>\n   <div class=\"rc\">\n   <div class=\"r\"><a href=\"https://
en.wikipedia.org/wiki/Julia_(programming_language)\" ping=\"/url?sa=t&sou
rce=web&rct=j&url=https://en.wikipedia.org/wiki/Julia_(programming_
language)&ved=2ahUKEwi52ZvFpuzgAhVGW7wKHSrHAPUQFjAJegQIAhAB\">\
n   <h3 class=\"LC20lb\">Julia (programming language) - Wikipedia</h3>\
n   </a></div>\n   <div class=\"s\">\n   <div><span class=\"st\">Website,
<em>JuliaLang</em>.org. Influenced by. C • Lisp • Lua • Mathematica\n
(strictly its Wolfram Language); MATLAB • Perl • Python • R • Ruby • Scheme. Julia
is a\n   high-<wbr>level general-purpose dynamic programming language
whose designers intend<wbr> ...</span>\n   </div>\n   </div>\n   </
div>\n   <div class=\"rc\">\n   <div class=\"r\"><a href=\"https://twitter.com/
hashtag/julialang\" ping=\"/url?sa=t&source=web&rct=j&url=ht
tps://twitter.com/hashtag/julialang&ved=2ahUKEwi52ZvFpuzgAhVGW7wK
HSrHAPUQFjAKegQIARAB\">\n   <h3 class=\"LC20lb\">#julialang hashtag
on Twitter</h3>\n   </a></div>\n   <div class=\"s\">\n   <div><span
class=\"st\">See Tweets about #<em>julialang</em> on Twitter. See what people
are saying\n   and join the conversation.</span></div>\n   </div>\n   </
div>\n   <div class=\"rc\">\n   <div class=\"r\"><a href=\"https://www.instagram.
com/julialang/\" ping=\"/url?sa=t&source=web&rct=j&url=https://
www.instagram.com/julialang/&ved=2ahUKEwi52ZvFpuzgAhVGW7wKHSrH
APUQFjALegQICRAB\">\n   <h3 class=\"LC20lb\">Julia Lang (@julialang) •
Instagram photos and videos</h3>\n   </a></div>\n   <div class=\"s\">\
n   <div><span class=\"st\">54.3k Followers, 526 Following, 3502 Posts - See
Instagram photos and videos\n   from Julia Lang (@<em>julialang</em>)</
span></div>\n   </div>\n   </div>\n   <div class=\"rc\">\n   <div class=\"r\"><a
href=\"https://gitter.im/JuliaLang/julia\" ping=\"/url?sa=t&source=web&amp
;rct=j&url=https://gitter.im/JuliaLang/julia&ved=2ahUKEwi52ZvFpuzgAh
VGW7wKHSrHAPUQFjAMegQICBAB\">\n   <h3 class=\"LC20lb\">JuliaLang/
julia - Gitter</h3>\n   </a></div>\n   <div class=\"s\">\n   <div><span
class=\"st\">Where communities thrive. Free for communities. Join over 800K+
people: Join\n   over 90K+ communities: Create your own community.
Explore more communities.</span></div>\n   </div>\n   </div>\n</body>\n\n\n</
html>\n", false)

　　擷取出來之後，我們將群組中的字串印出。要從中取出群組，我們可
以用類似字典索引的方式，索引第一個元素 m[1] 來取得字串。

In [71]:

```
for m in ms
    println(m[1])
end
```

https://github.com/JuliaLang
https://github.com/JuliaLang/julia
https://twitter.com/hashtag/julialang
https://www.instagram.com/julialang/
https://gitter.im/JuliaLang/julia

如此，我們就完成了從網頁中擷取資訊的功能囉！

函式

07

我們要來介紹一個在程式設計中非常重要的元素，函式。函式的用途非常的廣泛，而且它也是達成模組化的重要結構之一。

1. 什麼是函式？

我們常常可以在程式當中發現有不斷出現相同的模式，而這些模式在結構上大致相同，但往往有不同的細節，如果我們可以更改這些細節，我們就可以讓同樣的模式一再的被使用。這些不斷重複的模式，只需要更改一部分的行為即可。這些模式就可以被抽出來（abstract），成為**函式（function）**，讓這部分程式可以有更廣泛的（generic）用處，而不是狹隘而特定的（specific）。

假設我們可以定義一個函式像下面這樣：

In [1]:
```
function f(x, y)
    return x + y
end
```
Out[1]:
f (generic function with 1 method)

 小叮嚀

命名指南：
- 函式請用小寫加上底線的寫法
- 函式如果會變更輸入的參數的話，請在函式名稱後加上!，像 transform!()

一個函式的定義需要以 function 關鍵字作為開頭，並且以 end 關鍵字做為結尾。這是一個稱為 f 的函式，f 是函式名稱，而後面的小括弧裡面包含輸入這個函式的**參數（arguments）**，也就是 x 及 y 兩個參數。在這個函式裡面所包含的運算只有 return x + y，這個運算式會回傳計算的結果作為函式的輸出，而它回傳的結果則是 x + y 的計算結果。

當我們定義好函式之後，我們就可以透過**函式呼叫（function call）**來執行。呼叫函式的方式如下：

In [2]:
```
f(1, 2)
```
Out[2]:
3

當你呼叫函式 f(1, 2) 的時候，1 與 2 會分別作為參數 x 跟 y 傳送給 f。在函式中，x 跟 y 兩個參數的值分別是 1 跟 2，x 跟 y 這兩個變數名稱若是在函式外有被宣告過，它們將會暫時被替代。函式就會進行後續的運算，並把運算結果透過 return 進行回傳。若是 return 回傳的不是單一變數，而是一個運算式，那麼它將會回傳運算式的運算結果。

在函式中有自己的記憶體空間，當函數被呼叫，記憶體會空出一塊空間給函式，是函式的運算空間，這個空間中會儲存在這個函式中宣告的變數，並且在空間中處理所有函式內的運算。

我們也可以嘗試這麼做：

In [3]:
```
f(f(1, 2), 3)
```
Out[3]:
6

當以上函式被呼叫，最內部的函式 f(1, 2) 會先被運算，等運算結果 3 回傳之後，才運算外層的函式 f(3, 3)。

在 Julia 中可以宣告單行的函式，這樣的函式短小輕巧，是很常見的宣告方式。這種宣告方式省去了 function 跟 end 關鍵字，只需要函式名稱、參數以及運算式即可。如果你的運算沒有很複雜，可以在單行當中處理並回傳，這會是很推薦的方式。

以下的函式與函式 f 有相同的運算過程。函式中，會以函式名稱 h 開頭，並且後續是參數 (x, y)，在等號後面接的是運算式，運算式的運算結果會直接作為函式的運算結果回傳。使用方法上跟函式 f 沒有差異。

In [4]:

```
h(x, y) = x + y
```

Out[4]:
h (generic function with 1 method)

In [5]:

```
h(1, 2)
```

Out[5]:
3

▶ 指定輸入及輸出的資料型別

如果讓電腦知道函式所接受的資料型別的話，會增加運算效率。一般來說，動態語言在編譯時期並不具備資料型別的資訊，所以一般執行上的效率會遜於靜態語言。Julia 身為動態語言，但是可以藉由增加型別資訊來提高執行效率。另一方面，閱讀程式碼的人也會比較清楚這個函式需要什麼樣的輸入，以及會給出怎麼樣的輸出。

要在函式中加入型別資訊的話，可以在參數的後面加上 :: 型別，像是 x::Int64，這個樣子。這表示參數 x 必須要是 Int64 型別或是它的子型別（後面章節會介紹）。回傳值的型別會加註在參數的括弧後 (...):: 型別。

In [6]:

```
function g(x::Int64, y::Int64)::Int64
    return x + y
end
```

Out[6]:
g (generic function with 1 method)

在執行上它會接受參數組合是 Int64, Int64 的函式呼叫。

In [7]:

```
g(1, 2)
```

Out[7]:
3

但是不接受參數組合不是 Int64, Int64 的函式呼叫。

In [8]:

```
g(1.2, 2.3)
```

MethodError: no method matching g(::Float64, ::Float64)

Stacktrace:
 [1] top-level scope at In[8]:1

　　如果要接受廣義的數字，可以用 Number，若是只接受實數，可以用 Real。在定義輸入輸出的型別時需要審慎思考，若是不確定的時候，盡量保持不加註型別的形式比較好。

In [9]:

```
function g1(x::Real, y::Real)::Real
    return x + y
end
```

Out[9]:
g1 (generic function with 1 method)

In [10]:

```
g1(2, 3.45)
```

Out[10]:
5.45

2. 傳遞參數

　　當我們在呼叫函式的時候，我們會傳遞參數給函式，那函式是如何接收到這些參數的呢？我們來更深入談談參數的傳遞，一個函式需要透過參數傳遞的機制才能接受到參數。一般來說，參數的傳遞可以粗分為兩種：

1. 傳值呼叫（call by value）

2. 傳參考呼叫（call by reference）

　　每一種程式語言可能實作上會有些微差異。

　　我們的表示法會把變數名稱以方框框起來，而值就以圓圈圈起來，中間會以箭號連接，代表某個變數是指向某個值。灰色框框中的是函式的記憶體空間，而外部則是在函式記憶體空間外的程式執行空間。

假設情境是：

```
function f(x, y)
  ...
end

x = 1
y = 2
f(x, y)
```

傳值呼叫

　　傳值呼叫（call by value）的機制是，在呼叫 f(x, y) 時，會將在函式外部的值複製一份到函式內部，在函式內部所做的操作並不會影響到函式外部的變數（圖 7-1）。這樣做可以避免函式內的計算直接影響到函式外的變數的值。這個方式在 C 以及 Java 語言的**原始型別（primitive types）**中可以看到。

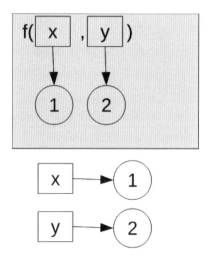

圖 7-1　傳值呼叫的操作機制

傳參考呼叫

　　傳參考呼叫（**call by reference**）的機制是，在函式內部建立一個**參考** (**reference**)，參考是一個可以指向變數的箭頭。你可以把它想像成是變數的變數，這個變數的變數它會操縱它指向的變數的值，所以一旦函式內部有重新指派值給這個變數，那麼外部的變數的值也會連帶受到影響（圖 7-2）。這麼做的好處是它不會複製一份值到函式的記憶體空間，所以它在記憶體空間的使用上非常節省。這個方式在 Java 語言的**物件**（**object**）中可以看到。

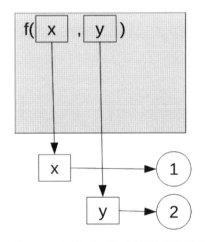

圖 7-2　傳參考呼叫的操作機制

共享傳遞

　　共享傳遞（**pass-by-sharing**）是 Julia 採用的參數傳遞機制。傳參數時，並不會複製一份給函式，在函式的參數本身會作為一個新的變數**綁定**（**bind**）到原本值上，就像一個箭頭指向變數的值一樣（圖 7-3）。一旦函式內部變更了變數的值，新的值會存在在函式的記憶體空間內，變數便會綁定到新的值上，這麼做不影響在函式外的變數，也不必複製一份值到函式內部。

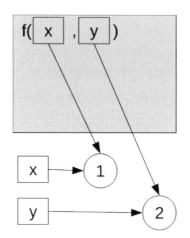

圖 7-3　共享傳遞的操作機制

要怎麼驗證以上的行為？

　　我們可以透過 objectid 這個函式來找出某個變數或是值在記憶體空間中的位置，如果在記憶體空間中的位置一樣，那代表它們是一樣的。接著我們把它們印出來看看。

In [11]:
```
println(objectid(1))
```
11967854120867199718

In [12]:
```
x = 1
```
```
println(objectid(x))
```
11967854120867199718

　　我們看到值 1 所在的記憶體空間位址是以上的數字。將值指定給一個變數 x 後，變數 x 的記憶體空間位址也是一樣的數字。接下來我們來看看在函式中的狀況，我們可以設計像這樣的函式：

In [13]:

```
function sharing(x)
  println(objectid(x))
  x = 2
  println(objectid(x))
end
```

Out[13]:
sharing (generic function with 1 method)

在函式的一開始便檢測參數 x 的記憶體空間位址，接著指派新的值給這個參數，再一次檢測參數 x 的記憶體空間位址。如果函式內部的重新賦值會改變函式外的值，那麼執行完函式外的值就會改變，如果不會影響函式外的值，那麼函式外的值就會保持不變。

In [14]:

```
sharing(x)
```

11967854120867199718
5352850025288631388

In [15]:

```
x
```

Out[15]:
1

我們可以看到在執行完函式之後，函式外部的值並沒有改變，這樣一來我們就可以證明 Julia 的參數傳遞機制了。

另外，重要的是，在 Julia 中，所有的值都是唯一的。也就是說在 Julia 中，所有的 1 都是同一個 1，它們指向同一個記憶體空間位置。我們可以來測試一下：

In [16]:

```
x = 1
```

Out[16]:
1

In [17]:

```
y = 1
```

Out[17]:
1

在這邊我們分別宣告了 x 跟 y 兩個變數，變數的值都是 1，我們可以來看看這兩個變數的記憶體空間位址是多少？

In [18]:

```
println(objectid(1))
```

11967854120867199718

In [19]:

```
println(objectid(x))
```

11967854120867199718

In [20]:

```
println(objectid(y))
```

11967854120867199718

看到了吧！三個記憶體空間位址都是一樣的！

3. 運算子就是一種函式

函式是一種非常廣義的程式語言的元素，其實運算也是一種函式，我們來看看運算子為什麼是一種函式？

一般來說，我們會像這樣使用加法運算子：

In [21]:

```
1 + 2 + 3 + 4 + 5 + 6
```

Out[21]:
21

但其實這種加法運算子的表示法，會在程式語言內部被轉化為下面這個樣子：

In [22]:
```
+(1, 2, 3, 4, 5, 6)
```
Out[22]:
21

　　+ 的符號其實是一種函式名稱，然而需要相加的值則是它們的參數。

4. 匿名函式

　　有的時候我們會為了方便，不想要去為一個函式命名，這個時候我們可以使用**匿名函式**（anonymous function）。匿名函式跟單行函式非常像，但是它們的主要差異在於匿名函式會使用箭號 ->，單行函式則否。匿名函式的語法規則非常簡單，它以參數及運算式組成：

（參數）-> 運算式

　　匿名函式仍然是函式的一種。在 Julia 中，函式也可以被當成值指派給變數。所以我們常常可以看到以下的表達方式：

In [23]:
```
a = () -> println("Calling function a.")
```
Out[23]:
#3 (generic function with 1 method)

　　() -> println("Calling function a.") 的部分是一個匿名函式，執行這個函式的話會印出 Calling function a. 的字樣。這個匿名函式不需要額外的參數，所以它的會寫成 ()。

　　這樣的匿名函式可以被指派給變數 a，變數 a 便是匿名函式本身，那麼要如何執行呢？

In [24]:
```
a()
```
Calling function a.

我們只需要把它當成一般函式執行即可。

如果匿名函式需要一個參數，那麼它可以省去小括弧：

In [25]:
```
b = x -> println(x)
```
Out[25]:
#5 (generic function with 1 method)

In [26]:
```
b(5)
```
5

兩個參數以上的匿名函式不可省去小括弧：

In [27]:
```
c = (x, y) -> x + y
```
Out[27]:
#7 (generic function with 1 method)

In [28]:
```
c(2, 3)
```
Out[28]:
5

5. 數組

數組（tuples）是個特別的資料結構，它最主要用在函式的參數傳遞上，參數需要被打包成一個數組才能被傳遞給函式。當然數組也可以獨立作為一個資料結構使用，它就像陣列一樣是由好幾個有次序的元素所組成的：

In [29]:
```
x = (1, 2, 3)
```
Out[29]:
(1, 2, 3)

In [30]:

```
x = 1, 2, 3
```

Out[30]:
(1, 2, 3)

在一些應用場景中，數組可以省去括弧，但在 for 迴圈當中不行。

我們可以像索引陣列一樣索引數組：

In [31]:

```
x[1]
```

Out[31]:
1

In [32]:

```
x[2:3]
```

Out[32]:
(2, 3)

與陣列不同的是，它允許不同型別的值被包含在同一個數組當中。

In [33]:

```
y = (1, 1.2, 'D', "ABC123", true)
```

Out[33]:
(1, 1.2, 'D', "ABC123", true)

然而數組本身的型別會根據當中的元素的型別有所不同：

In [34]:

```
 typeof(y)
```

Out[34]:
Tuple{Int64,Float64,Char,String,Bool}

▶ 數組有不可變更性

它是一個**不可變更（immutable）**的資料結構，就跟前面介紹過的字串一樣，我們無法更改既有的數組：

In [35]:

```
x[1] = 3
```

MethodError: no method matching setindex!(::Tuple{Int64,Int64,Int64}, ::Int64, ::Int64)
Stacktrace:
 [1] top-level scope at In[35]:1

▶ 解開

數組在使用上有非常多的好處，其中一個好處是可以方便**解開**（**unpacking**）數組當中的每個元素，並將每個元素的值指派給不同的變數：

In [36]:

```
a, b, c = x
```

Out[36]:
(1, 2, 3)

如此一來，我們就把變數 x 中的三個元素分別指派給 a、b、c 三個變數了。語法上也可以寫成 (a, b, c) = x。

In [37]:

```
a
```

Out[37]:
1

In [38]:

```
b
```

Out[38]:
2

In [39]:

```
c
```

Out[39]:
3

▶ 交換

利用以上的特性，我們可以很簡單做到**交換（swap）**這件事，只需要：

In [40]:

```
b, a = a, b
```

Out[40]:
(1, 2)

在等號的左右兩邊都是一個數組，透過等號的指派可以輕易的將雙方的值互換。

In [41]:

```
a
```

Out[41]:
2

In [42]:

```
b
```

Out[42]:
1

▶ 數組是函式用來傳遞參數的資料結構

現在應該有發現數組就存在函式呼叫中，擔任傳遞參數的角色。

In [43]:

```
h(1, 2)
```

Out[43]:
3

所以現在看函式的執行是不是有不一樣的感覺了呢？

▶ 在 for 迴圈中無法省略小括弧

我們可以在 for 迴圈當中，簡單地將每個數組拿出來迭代，但是如果每次都要解開數組當中的元素就會造成麻煩，所以我們可以這樣做：

In [44]:

```
x = [(1, 2), (3, 4), (5, 6)]
```

Out[44]:
3-element Array{Tuple{Int64,Int64},1}:
 (1, 2)
 (3, 4)
 (5, 6)

In [45]:

```
for (i, j) in x
    println(i, j)
end
```

12
34
56

　　如此一來就可以直接操作當中的每個元素而不用再次解開。但是當中的小括弧是不能省略的：

In [46]:

```
for i, j in x
    println(i, j)
end
```

syntax: invalid iteration specification

6.return 關鍵字

　　我們在回傳值的時候我們可以用 return 這個關鍵字，不過它是可以省略的。如果省略的話，函式會將最後一行的運算式的輸出作為函式的回傳值回傳。

In [47]:

```
function sumproduct(x, y, z)
    return (x + y) * z
end
```

Out[47]:
sumproduct (generic function with 1 method)

In [48]:

```
function sumproduct(x, y, z)
    (x + y) * z #計算完會回傳
end
```

Out[48]:
sumproduct (generic function with 1 method)

▶ 多個回傳值

如果希望回傳多個結果，可以用數組包裹起來做回傳。

In [49]:

```
function shuffle_(x, y, z)
    (y, z, x)
end
```

Out[49]:
shuffle_ (generic function with 1 method)

 小叮嚀

在標準函式庫中已經有定義 shuffle，避免與標準函式庫當中既有的函式名稱衝突，可以在函式名稱後加上底線。

In [50]:

```
a, b, c = shuffle_(1, 2, 3)
```

Out[50]:
(2, 3, 1)

直接將回傳的數組解開，可以省去指定給變數的程式碼。

In [51]:

```
a
```

Out[51]:
2

In [52]:

```
b
```

Out[52]:
3

In [53]:

```
c
```

Out[53]:
1

7. 參數解構

如果我們的參數是裝在陣列或是數組當中，我們可以將這些值解開成為函式的參數的值，我們需要用到 ... 這個語法，這稱為**參數解構**（**argument destruction**）使用方法如下：

In [54]:

```
x = [1, 2, 3]
shuffle_(x...)
```

Out[54]:
(2, 3, 1)

我們可以把變數 x 當中的元素解開，解開的效果等價於 shuffle_(1, 2, 3)，在將元素解開之後，會依照元素的順序對應放入函式的參數當中。這樣我們可以很簡單地將要傳遞的參數打包，並且傳給需要執行的函式。

8. 不定長度參數

有時候我們會需要給予函式不同數量的參數，但是根據函式的定義方式，函式只能是固定的參數數量。Julia 可以支援**不定長度參數的函式**（**varargs function**），作法是在函式的最後一個參數後加上 ...，我們定義一個 foo 來試試看：

In [55]:

```
foo(a, b, c...) = (a, b, c)
```

Out[55]:
foo (generic function with 1 method)

我們讓它直接回傳接收到的參數。假設我們只有給兩個參數：

In [56]:

```
foo(1, 2)
```

(1, 2, ())

我們可以看到，最後一個參數接收到的是一個數組裡頭沒有任何東西。如果給三個參數：

In [57]:

```
foo(1, 2, 3)
```

Out[57]:
(1, 2, (3,))

最後一個參數就有了含一個元素的數組。那如果給四個參數呢？

In [58]:

```
foo(1, 2, 3, 4)
```

Out[58]:
(1, 2, (3, 4))

這樣我們就可以從最後一個參數，接受不定數量的參數進來處理，可以在函式當中解開，或是以迴圈的方式來處理這些資料。

9. 命令列參數

我們常常會需要從命令列中輸入參數。當有程式需要使用者一次輸入好所有的參數然後計算時，我們可以用這樣的方式來處理。我們可以先寫好一份程式 args-test.jl，當中含有以下的內容：

```
a, b, c = ARGS
println(a)
```

```
println(b)
println(c)
```

　　並且在終端機的環境用 julia args-test.jl 123 456 789 執行它。

　　ARGS 在這個情況下是一個特殊的變數，它會儲存從命令列來的參數值，並且存成一個陣列。我們可以將它解開，並且分別指定給 a、b 和 c 三個變數，然後我們依序將這三個變數列印在終端上。大家也可以試著變化不同的參數值喔！

10. 函式向量化

　　如果一個函式需要重複執行多次，每次處理不同的資料，我們可以把資料放到陣列當中執行。一般來說，我們可以用 for 迴圈來幫助我們處理這件事：

In [59]:
```
x = [1, 2, 3, 4, 5, 6, 7, 8, 9, 10];
```

In [60]:
```
y = []
for i in x
   push!(y, i^2)
end
```

In [61]:
```
y
```
Out[61]:
10-element Array{Any,1}:
   1
   4
   9
  16
  25
  36

```
 49
 64
 81
100
```

　　但是如果有很多函式要處理就會很麻煩，所以我們可以將函式利用**廣播（broadcast）**的方式，來讓函式可以一口氣處理很多元素，這稱為**函式的向量化（vectorizing functions）**，這時候我們需要用到 . 這個語法，它就是鍵盤上的「點」，這個語法適用運算子跟函式。如果是要用在運算子，只需要在每個運算子前綴 . 即可，例如：

In [62]:

```
x .^ 2
```

Out[62]:
```
10-element Array{Int64,1}:
   1
   4
   9
  16
  25
  36
  49
  64
  81
 100
```

▶ 自定義函式向量化

　　如果是用在函式的情形，則是在函式名稱上後綴 . 即可，例如：

In [63]:

```
f(x) = 3x
```

Out[63]:
```
f (generic function with 2 methods)
```

In [64]:

```
f.(x)
```

Out[64]:
10-element Array{Int64,1}:
 3
 6
 9
 12
 15
 18
 21
 24
 27
 30

11. 區塊與作用域

目前為止，我們可以看到非常多以 end 結尾的**區塊（block）**，像 if 區塊、for 區塊等等。這些區塊，除了 if 區塊以外，都會形成變數的**作用域（scope）**。我們在先前的章節提過作用域的特性，我們會在後續介紹其他區塊。

▶ 複合表達式

複合表達式（compound expressions），比起**單一表達式（single expressions）**，像 x = 1，可以一次將多個表達式放在一起執行。在某些應用場景是非常方便的，例如我想要將某一段的運算放在一起可以用 begin 這樣寫：

In [65]:
```
begin
    a = 1
    b = 2
    a + b
end
```
Out[65]:
3

begin 區塊並不會形成一個作用域。在這邊會執行 a = 1、b = 2 及 a + b 三個表達式。而最後一個表達式會有類似函式回傳值的效果，會顯示最後一個表達式的運算結果。

In [66]:

```
c = begin
    a = 1
    b = 2
    a + b
end
```

Out[66]:
3

In [67]:

```
c
```

Out[67]:
3

begin 區塊也可以被指定給一個變數，那麼就會將最後一個表達式的運算結果指定給該變數。

In [68]:

```
c = (a = 1; b = 2; a + b)
```

Out[68]:
3

也可以以單行的方式呈現，需要以小括弧括起來，並且不同表達式之間需要以分號 ; 隔開。以下也是合法的形式，也與以上的例子等價：

In [69]:

```
begin a = 1; b = 2; a + b end
```

Out[69]:
3

In [70]:
```
(a = 1;
b = 2;
a + b)
```
Out[70]:
3

▶ 函式的作用域

　　函式區塊是一個特殊的空間,它的作用域並不會受到呼叫方的作用域影響,而是受到函式本身定義所在的作用域影響。我們來看一個例子。

In [71]:
```
x, y = 1, 2;
```

In [72]:
```
function foo()
    x = 5
    return x + y
end
```
Out[72]:
foo (generic function with 2 methods)

　　在以上的例子中,有一個變數 x 存在函式外,而函式 foo 中也存在著變數 x,這兩者分別指向不同的東西。這時候執行函式 foo 時,回傳的變數 x 是來自函式外,或是函式內部呢?

In [73]:
```
foo()
```
Out[73]:
7

　　如果變數 x 來自於函式外,那麼結果應該是 3。如果變數 x 來自於函式內,那麼結果應該是 7。我們試著呼叫函式 foo,我們發現結果是 7,可以推論得知變數 x 來自於函式內。也就是說,在函式內的變數會優先被採用,如果函式內並沒有這項變數就會往函式外尋找。

In [74]:

```
function bar()
    x = 7
    return foo() + x
end;
```

　　這時候我們呼叫 bar()，從前面的經驗，我們知道 foo() + x 的 x 會是 7。那麼 foo() 中的 x 會是哪一個 x 呢？會一樣是 7 呢？或是在 foo() 裡頭的 5 呢？我們來執行看看。

In [75]:

```
bar()
```

Out[75]:
14

　　結果是 14 代表 foo() 的計算結果是 7，如同前面的結果一樣。我們可以知道在 Julia 中，函式所採用的變數會依據函式定義所在的環境，而不是函式使用的環境。因此，在 bar() 中的 x = 7 並不影響 foo() 當中的變數 x。

In [76]:

```
x, y
```

Out[76]:
(1, 2)

　　我們也可以看到在最外頭的 x 跟 y 都沒有受到影響，像是被隔離在外了一樣。

▶ let 區塊

　　let 區塊可以在執行時創造一個新的變數綁定，並非指定新的區域變數。如果是新的變數指定，會改變現有的值的所在位置，而 let 則會創造一個新的區塊。一般來說，兩者的差別不是那麼重要。我們來看看一個例子：

In [77]:
```
a, b, c = 1, 2, 3;
```

In [78]:
```
let a = 0, c
    println("a: ", a)
    println("b: ", b)
    println("c: ", c)
end
```
```
a: 0
b: 2
UndefVarError: c not defined
Stacktrace:
 [1] top-level scope at In[78]:4
```

　　從上面的例子我們可以發現，a、b 和 c 各別是 1、2 和 3。我們可以在 let 表達式一開始將 0 重新綁定給 a，而 c 並沒有重新綁定。在區塊中，我們將三者分別印出，a 如預期的印出了重新綁定的結果，b 並未出現在 let 表達式開頭，印出了原本的值，而 c 出現在 let 表達式開頭且沒有重新綁定，所以呈現出了未定義的錯誤。

　　我們可以從上面的例子發現 let 表達式引入了一個新的作用域。

▶ 閉包

　　閉包（closure）是個有趣的結構，它可以將外部作用域的變數包裹進函式內，讓函式內部帶有狀態。我們來看個計數器的例子，一般來說，要實作一個計數器會需要有一個變數記錄目前所記錄的次數。

In [79]:
```
let state = 0
    global counter() = (state += 1)
end
```
```
Out[79]:
counter (generic function with 1 method)
```

　　在這個 let 區塊中，我們創造了一個 state 的區域變數，並且定義了一個計數器 counter，每執行一次就會讓 state 增加。要注意的是，需要

global 這個關鍵字，代表函式會定義成全域的。

In [80]:

```
counter()
```

Out[80]:
1

因此，我們可以呼叫 counter()，它就會將狀態更新之後回傳出來。

In [81]:

```
 counter()
```

Out[81]:
2

不過當中的狀態 state 是無法被外部所存取的。

遞迴

1. 遞迴呼叫

在先前的程式風格中，都仰賴流程控制或是函式呼叫的方式。現在來介紹一個新的方式，讓函式呼叫自己，這在有些問題上面會非常好用。這樣的方式稱為**遞迴（recursion）**。一般來說，遞迴的方法可以分成直接呼叫自己或是間接地透過其他函式呼叫自己。在進階的電腦科學課程中，遞迴是個重要的議題。我們會在這個章節中，透過一些範例讓大家了解什麼樣的方法稱為遞迴。

遞迴的解法有一些共同的元素。當使用遞迴方法來解問題時，我們會先思考最簡單、最一般的情形，我們稱為**基本狀況（base case）**。當呼叫此函式時，會回傳一個結果。當應用在複雜的問題上，我們可以把問題切分成兩個概念性的部分：一個是函式知道要怎麼處理，以及函式不知道要怎麼處理的部分。前者，函式可以直接運算並回傳結果。後者，函式應該把這個問題化為許多小的問題，規模更小或是更簡單的問題，而這些小問題與原本的問題類似，所以可以透過自我呼叫的方式來處理這個問題，這稱為**遞迴呼叫（recursive call）**。遞迴呼叫通常包含 return 敘述，整個機制需要依賴回傳結果來進行運算。當小的問題被解決，會回傳運算結果，較大的問題會將運算結果合併，並回傳最終結果。

2. 案例研究：費氏數列

我們這邊會以費氏數列作為程式範例，費氏數列會像以下這個樣子：

$$0,1,1,2,3,5,8,13,21...$$

數列的第零個元素是 0，第一個元素是 1，而第二個元素會是第零個元素跟第一個元素的和，所以是 1。以此類推，後續的元素的規則是：

$$f_n = f_{n-1} + f_{n-2}$$

f_n 代表著費氏數列的第 n 個元素，以上的式子代表第 n 個元素為第 n-1 個元素及第 n-2 個元素之和。我們可以把問題統整成以下的式子來表示：

$$f_0 = 0$$
$$f_1 = 1$$
$$f_n = f_{n-1} + f_{n-2}$$

▶ **遞迴版本費氏數列**

我們的程式可以輸入一個數字代表著要計算第幾個元素，接著我們可以把問題拆解成函式能回答以及不能回答的部分，函式能回答的部分就是第零個元素與第一個元素，而不能直接回答的部分就是後續的元素。我們可以像這樣寫出一個函式：

In [1]:

```
function fibonacci(n)
  if n == 0
    return 0
  elseif n == 1
    return 1
  else
    return fibonacci(n-1) + fibonacci(n-2)
  end
end
```

Out[1]:
fibonacci (generic function with 1 method)

函式能回答的部分就直接回傳結果，而不能直接回答的部分，我們可以藉由以上的數學規律得知，將它化成程式的形式就是 fibonacci(n-1) + fibonacci(n-2)。讓 fibonacci(n) 去遞迴呼叫 fibonacci(n-1) 及 fibonacci(n-2)，並將這兩者的計算結果加總起來，最後回傳加總結果。像這樣由 fibonacci 去呼叫自己 fibonacci 的方式稱為**直接遞迴（direct recursion）**。我們來試試看！

In [2]:

```
fibonacci(1)
```

Out[2]:
1

In [3]:

```
fibonacci(5)
```

Out[3]:
5

In [4]:

```
fibonacci(10)
```

Out[4]:
55

　　當一個函式被呼叫，運算過程中需要呼叫其他函式，**呼叫方（caller）** 會被暫時擱置，先去執行被 **呼叫方（callee）**。在運算遞迴的過程中，呼叫方 fibonacci(n) 會去遞迴呼叫 fibonacci(n-1) 與 fibonacci(n-2)，這時候 fibonacci(n) 會被暫時擱置，而去計算 fibonacci(n-1) 與 fibonacci(n-2)，需要等到 fibonacci(n-1) 與 fibonacci(n-2) 回傳結果後，fibonacci(n) 才會繼續運算。這些被擱置的函式都會占去一定的記憶體空間，以保存在函式當中暫存的變數們。當需要愈多的遞迴呼叫時，就有愈多函式被擱置在記憶體中。

▶ 函式呼叫堆疊

　　在程式啟動之後，程式會有一個資料結構來存放這些被擱置的函式，這個資料結構稱為 **堆疊（stack）**。堆疊就像是疊盤子一樣，想像函式是盤子。當函式被擱置，就會被送入堆疊當中，如同盤子由底部愈疊愈高。程式沒有辦法從這疊盤子中任意抽出其中一個，只能先將上面的盤子一一移掉才取到想要的盤子。這說明了堆疊有個特性稱為 **後進先出（last in,** first out, LIFO）。在程式執行的過程中，堆疊會一直存在，這樣的堆疊稱為**程式執行堆疊（program execution stack）**，或稱**函式呼叫堆疊（function call stack）**。當函式呼叫堆疊放的函式超出程式所能容納的量時，會發生**堆疊溢位（stack overflow）**，通常程式會拋出例外或錯誤，程式會被迫停止。

▶ 記憶版本費氏數列

我們知道，如果用上面的遞迴呼叫的寫法我們就會呼叫更多的函式，而這些函式會占據記憶體空間，所以遞迴版本的費氏數列會占據不少記憶體空間。當 n 大到一定程度的時候，就會發生堆疊溢位的錯誤。如果我們要避免這樣的錯誤，但又要計算費氏數列的話我們可以怎麼做呢？我們可以嘗試的把前面所計算過的費氏數列給記錄起來，記錄費氏數列可以避免製造太多的函式，也就避免了占用過多的記憶體空間。

我們可以用一個陣列來記錄費氏數列。我們可以做一個記憶版本的費氏數列。想法是這樣的，如果先前有算過的數就可以到陣列當中查詢，如果沒有，再進行計算，並且將計算完的數記錄到陣列當中。我們這邊用陣列 fibs 來記錄計算過的數。

In [12]:

```
fibs = [0, 1]
function fibonacci(n)
  l = length(fibs)
  if n+1 <= l
    return fibs[n+1]
  end

  for i = l:n
    push!(fibs, fibs[i] + fibs[i-1])
  end
  return fibs[end]
end
```

Out[12]:
fibonacci (generic function with 1 method)

在一開始我們先得到陣列的長度 l，接著我們需要檢查第 n 個費氏數列是不是一個計算過的數，而檢查第 n 個費氏數列是不是一個計算過的數，只需要比較 n+1 是不是小於陣列的長度 l。如果是的話，我們就可以直接回傳陣列當中的值。如果不是的話，我們就會進到下一個階段去計算後續的費氏數列。計算後續的費氏數列只需要從 l 開始一直到 n 為止就可以了，然後將計算完的數記錄到 fibs 當中。最後，我們只需要回傳 fibs[end] 即可。

In [13]:

```
fibonacci(1)
```

Out[13]:
1

In [14]:

```
fibs
```

Out[14]:
2-element Array{Int64,1}:
 0
 1

In [15]:

```
fibonacci(5)
```

Out[15]:
5

In [16]:

```
fibs
```

Out[16]:
6-element Array{Int64,1}:
 0
 1
 1
 2
 3
 5

In [17]:

```
fibonacci(10)
```

Out[17]:
55

In [18]:

```
fibs
```

Out[18]:
11-element Array{Int64,1}:
  0
  1
  1
  2
  3
  5
  8
 13
 21
 34
 55

我們可以觀察到 fibs 中的數字，隨著計算過的數字愈大而愈多。

▶ 動態規劃

像這樣去把一個大的問題分解成小的問題，並且把運算過的子問題的解記錄下來的方式。我們稱之為**動態規劃（dynamic programming）**，所以記憶版本的費氏數列其實是一種動態規劃的演算法。動態規劃其實是一種演算法，它可以拿來解非常多廣泛的問題。它的核心概念就是一個大的問題的最佳解可以拆解成許多小問題的最佳解，所以說有這樣結構的問題就可以適用。我們可以透過去記錄子問題最佳解，來降低所需要運算的次數。

▶ 尾遞迴版本費氏數列

接下來，我們介紹另外一個遞迴方式來處理費氏數列。我們有一種遞迴方式叫做**尾遞迴（tail recursion）**，尾遞迴的方式有以下的要素組成：

1. 直接遞迴

2. 線性遞迴

3. 尾呼叫（tail call）

尾遞迴需要是直接遞迴，也就是函式會自己呼叫自己。線性遞迴是指在遞迴發生的時候是線性的，也就是要計算目前的結果只會依賴前一個函式的運算結果，並不會有其他的相依性，如圖 8-1。

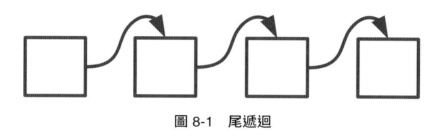

圖 8-1　尾遞迴

尾呼叫則是要求在回傳的行為上只能回傳一個函式呼叫，像是：

```
...
return fib(...)
...
```

除了呼叫以外不允許有其他的運算發生，不能是 return fib(...) + 1 這樣的運算。

在一些程式語言中有支援**尾呼叫最佳化 (tail-call optimization, TCO)**，或是**尾呼叫消除 (tail-call elimination, TCE)**，如此就可以在回傳一個函式呼叫時，相當於用新的函式呼叫直接取代前一個函式呼叫，而不是將新的函式呼叫放入堆疊中。因此，函式呼叫堆疊就不會一直有函式被放入堆疊中，導致堆疊溢位。可惜的是，Julia 並沒有這樣的支援，但是我們還是可以實作這樣的程式。

要滿足以上條件，我們需要重新設計遞迴的方式。我們可以把所計算的結果當成參數，輸入函式當中。像以下這樣：

$$fib(n,1,0)$$
$$\downarrow$$
$$fib(n-1,1,1)$$
$$\downarrow$$
$$fib(n-2,2,1)$$
$$\downarrow$$
$$\cdots$$
$$\downarrow$$
$$fib(1,fib[n],fib[n-1])$$

如此就可以滿足以上三種要素。實作上我們可以這樣寫：

In [19]:

```
function fibonacci(n)
   return fib(n, 1, 0)
end

function fib(n, a, b)
  if n == 1
     return a
  end
  return fib(n-1, a + b, a)
end
```

Out[19]:
fib (generic function with 1 method)

In [20]:

```
fibonacci(1)
```

Out[20]:
1

In [21]:

```
fibonacci(5)
```

Out[21]:
5

In [22]:

```
fibonacci(10)
```

Out[22]:
55

很神奇吧！大家可以想想這當中的機制喔！

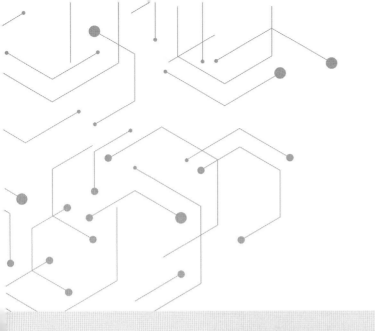

例外處理

09

1. 例外與錯誤

　　在程式執行的過程中，無可避免地會發生各種的**錯誤 (error)**。錯誤的發生原因可能歸咎於程式的**缺陷 (fault)**。缺陷像是沒有設定所需要的參數、忘記初始化物件、演算法設計錯誤等等，這些人為在開發中所做的不當處置造成的缺陷，這些稱為設計缺陷。另一種錯誤可能來自程式元件與元件之間，或是元件與環境之間互動所發生的不正常狀況，像是網路斷線、連結不到印表機等等，稱為元件缺陷。這些缺陷都會導致錯誤的發生，錯誤則會進一步導致軟體或程式**失效 (failure)**，而要讓發生的錯誤或失效回報給使用者或是開發者，程式語言會使用**例外 (exception)** 的機制來處理。

2.throw 函式

　　當程式發現錯誤發生的時候，會拋出 (throw) 例外。例外如果由一個函式拋出，則會中斷目前的運算，並且將例外傳遞給呼叫這個函式的函式或是程式碼片段。我們這邊可以試著拋出一個例外。

In [1]:
```julia
function positive_add(a, b)
  if a > 0 && b > 0
    return a + b
  else
    x = (a > 0) ? b : a
    throw(DomainError(x, "argument must be nonnegative."))
  end
end
```
Out[1]:
positive_add (generic function with 1 method)

　　這邊我們設計了一個給正的數相加的函式，所以它內部會檢查兩者是否都是正數，如果不是，那就需要拋出一個例外。這個例外是 DomainError，代表給定的參數有錯誤導致的例外。我們需要在這個例外中放入要告知使用者的訊息「argument must be nonnegative」，並且以 throw 函式拋出這個例外。

小叮嚀

在撰寫錯誤訊息時，習慣上使用開頭小寫。

In [2]:
```
positive_add(1, 2)
```
Out[2]:
3

在正常使用這個函式的情況下並不會發生什麼事。

In [3]:
```
positive_add(1, -2)
```
DomainError with -2:
argument must be nonnegative.

Stacktrace:
 [1] positive_add(::Int64, ::Int64) at ./In[1]:6
 [2] top-level scope at In[3]:1

一旦有非正的數進來，就會接收到被拋出的例外。

3.try-catch 表示式

被拋出的例外，我們需要將例外加以處理。處理例外的方式就是要先**捕獲（catch）**它。我們需要將會發生例外的程式碼包裹在 try…catch 的語法中。例如在 sqrt 函式中放入 -1 會發生例外，因為我們無法為 -1 計算平方根。這個時候 DomainError 例外就會被拋出，代表所給予的值超出了這個函式可以處理的範圍。

In [4]:

```
sqrt(-1)
```

DomainError with -1.0:
sqrt will only return a complex result if called with a complex argument. Try sqrt(Complex(x)).

Stacktrace:
 [1] throw_complex_domainerror(::Symbol, ::Float64) at ./math.jl:31
 [2] sqrt at ./math.jl:492 [inlined]
 [3] sqrt(::Int64) at ./math.jl:518
 [4] top-level scope at In[4]:1

這時候我們以 try…catch 語法將可能出錯的地方包裹起來。

In [5]:

```
x = -1
try
    sqrt(x)
catch
    println("Error caught!")
end
```

Error caught!

在 try 區塊中，我們放入可能拋出例外的程式碼區段，而 catch 區塊則是當例外被捕獲到的處理過程。我們可以先把一些訊息印出來提醒使用者。當這個區塊執行完成後，例外就當作已經處理完成了。

In [6]:

```
x = -1
try
    sqrt(x)
catch
    sqrt(Complex(x))
end
```

Out[6]:
0.0 + 1.0im

不過只是將錯誤資訊印出是沒辦法解決問題的，我們可以改用在 DomainError 所給出的建議，改用 sqrt(Complex(x)) 做計算。在捕獲到例外之後，進行 sqrt(Complex(x)) 的計算。

4.finally 子句

在經歷 try⋯catch 區塊之後，可以有 finally 子句。我們常常在使用資源時，例如開檔，造成狀態的改變，無論有沒有例外發生我們都需要將資源關閉。finally 子句是要用來將這些資源關閉或是做後續的清理工作的。關於檔案的處理請見後續章節。

```
file = open("test.txt", "w")
try
    write(file, "test")
catch
    println("Can't write to specific file.")
finally
    close(file)
end
```

5. 內建例外

在撰寫程式的過程中，我們可以設計拋出例外，這時候我們可以善用內建的例外。在撰寫函式的過程中，若是遭遇函式所接受進來的參數值並不是這個函式所能夠處理的，那我們就會拋出 DomainError。我們查詢官方手冊可以得知以下使用方式：

```
DomainError(val)
DomainError(val, msg)
```

在例外的參數部分可以有單一參數或是兩個參數。第一個參數是顯示

導致 DomainError 發生的值，第二個參數則是錯誤訊息。參考我們一開始
寫的函式就可以了解。

```
function positive_add(a, b)
  if a > 0 && b > 0
    return a + b
  else
    x = (a > 0) ? b : a
    throw(DomainError(x, "Argument must be nonnegative"))
  end
end
```

　　以下列出內建的例外，其中常見及常用的例外附有例外解釋：

• Exception：廣義的例外

• ArgumentError：所給定的參數並未找到相對應函式簽名的方法

• BoundsError：索引值超出陣列所可以索引的範圍

• CompositeException

• DimensionMismatch：所運算的物件的維度沒有相符

• DivideError：迫使整數除以零

• DomainError：參數的值超出函式所能處理的範圍

• EOFError：檔案或串流中沒有更多資料可以提供讀取

• ErrorException：廣義的錯誤

• InexactError：數字型別的不精確轉換

• InitError

• InterruptException：由使用者中斷程式（Ctrl+C）產生的例外

• InvalidStateException

• KeyError：在字典中找不到相對應的鍵

• LoadError：使用 include、require 或 using 一個檔案過程中產生錯誤

• OutOfMemoryError：記憶體耗盡例外

• ReadOnlyMemoryError：嘗試寫入唯讀記憶體區塊

- RemoteException：遠端呼叫的行程產生例外

- MethodError：不唯一的方法呼叫

- MissingException：不支援 missing 的處理而遇到時所產生的例外

- OverflowError：表達式的計算結果過大，造成指定型別溢位

- StackOverflowError：函式呼叫的次數超出堆疊的大小

- Meta.ParseError：使用 parse 函式解析字串並不能轉成合法的表達式

- SystemError：系統呼叫失敗

- TypeError

- UndefRefError：給定物件中的欄位尚未定義

- UndefVarError：存取尚未被定義的變數

- StringIndexError：試圖存取字串中不合法的索引值

6. 自定義 Error

　　開發者可以自訂所需要的例外。例外實作的方式需要用到後續的型別的知識，建議可以先跳過本小節，閱讀完型別章節後再回來看會比較好懂。例外的實作如同一個型別的實作，需要是 Exception 的子型別，當中的欄位可以儲存發生錯誤的相關資訊，這邊儲存的是發生錯誤的變數名稱 var 及值 val。

In [7]:
```
struct InvalidError <: Exception
    var::Symbol
    val
end
```

　　覆寫 Base.showerror 來提供錯誤訊息的呈現方式。

In [8]:

```
function Base.showerror(io::IO, e::InvalidError)
    print(io, e.var, " with value ", e.val, " is invalid.")
end
```

試著拋出例外看看。

In [9]:

```
throw(InvalidError(:x, 5))
```

x with value 5 is invalid.

Stacktrace:
 [1] top-level scope at In[9]:1

PART

3

程式設計
物件篇

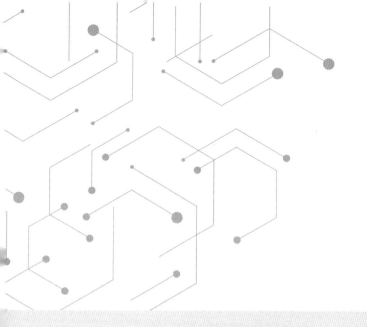

型別

10

1. 簡介

　　現在我們要來正式介紹型別，其實在前面的章節中我們就有提到型別，不過先前提的部分沒有那麼深。一般來說，每個語言都有它的型別系統。型別系統很大程度地決定了這個語言的特色以及行為，它塑造了語言的不同風格。

　　我們可以用一個語言的型別系統作為語言的分類。例如有一種分類是動態型別以及靜態型別，它指的是在程式語言的實作中，一個變數的型別是否能夠改變，如果變數的型別能夠改變，我們稱之為動態型別，相反，如果變數的型別不能夠改變，我們稱之為靜態型別。動態與靜態型別之間的差異會與程式語言的實作相關，也就是編譯器的撰寫。靜態型別，型別可以視為一種屬性，並且附屬在變數上，動態型別則是附屬在值上。

　　大多數的程式語言都可以自己定義型別，或許在物件導向程式語言當中定義的是類別，在 Julia 中，我們使用型別。型別可以將資料加以封裝，封裝起來的資料可以用來表示不同的概念，比較低階的資料型別或是概念可以加以組合，成為比較高階的資料型別或是概念，例如檯燈是由燈泡、燈座以及支架所構成，相對來說，檯燈本身就是一個高階的概念，它可以由燈泡、燈座以及支架這三個低階的概念組成。我們在定義型別也有類似的封裝方式，我們會用低階的資料型別來模擬高階的型別。

　　大家手上可以用的型別，大概是 Int64、String、Float64、Bool 等等。這些算是非常低階的資料型別，它在程式語言當中扮演的是一個基礎，它也提供了程式語言的演算基礎。但是這些直接用來寫以上的演算法會非常繁複，而且不好閱讀，很難除錯（debug）。面對不同問題，我們傾向先將問題所需要的資料型別定義好，接下來我們就可以直接操作資料型別來處理我們的問題。

2. 型別宣告

在 Julia 中，你可以不需要為變數宣告型別，但是宣告型別有它的好處，就如同前一個章節函式當中提到的，型別的宣告可以帶來程式碼的清晰性以及效能。

對於型別的宣告我們可以用 :: 運算子來處理，語法是：

值或變數 :: 型別

代表前者的型別是後者。

In [1]:

```
3::Int64
```

Out[1]:
3

以上程式碼確認了 3 是 Int64 型別，在這邊是**斷言（assertion）**的宣告。斷言，是程式當中用來確認某些條件已經滿足的檢查，在這裡程式會去檢查 3 是否為 Int64 型別，如果為真，就不會發生什麼事情，如果為假就會有 TypeError 的發生，就像這樣：

In [2]:

```
3.0::Int64
```

TypeError: in typeassert, expected Int64, got Float64

Stacktrace:
 [1] top-level scope at In[2]:1

我們可以在宣告斷言的同時，將值指派給變數 x：

In [3]:

```
x = 3::Int64
```

Out[3]:
3

3. 型別的建立

▶ 複合型別

　　複合型別（composite type），是一個非常有用的工具，它可以用來造出任意你想要的型別。在其他程式語言可能會看到非常相似的結構，像是 C 的 struct 或是比較早期 Fortran 77 及 Algol 68 中的 record，後來發展成物件導向語言當中的類別。基本上，複合型別可以看成是很多不同資料的集合，其中我們會稱當中的資料為欄位，不同的欄位會對應不同的值，所以這些值會被存在一個複合型別的**實體（instance）**或是**物件（object）** 中。

　　例如我們可以用型別 Time 來代表一個時間，時間需要有小時（hour）、分鐘（minute）、秒（second），所以這些都是欄位。

In [4]:

```
struct Time
    hour::Int64
    minute::Int64
    second::Int64
end
```

　　一個型別的宣告必須以 struct 關鍵字開頭，並且以 end 關鍵字結尾，struct 關鍵字之後接的是型別名稱，型別名稱必須以大寫開頭。在複合型別的區塊中，我們可以宣告不同的欄位，通常欄位會標注型別，但也可省略。

　　以上的程式碼中我們宣告了 Time 型別，這個型別當中有一個欄位是 hour，hour 的型別則是 Int64，也有一個欄位是 minute，minute 的型別是 Int64，而 second 的型別也是 Int64。

小叮嚀

　　型別的命名請開頭大寫並以**駝峰式命名（camel case）**，駝峰式命名是將不同的字（word）串接起來，**每個字的開頭要大寫**，如此就會看起來高高低低的很像駝峰。

小叮嚀

　　注意：在這邊型別可以綁定在變數上。

　　我們來看看要如何使用這個型別，我們必須先將它**實體化（instantiate）**，實體化後我們就可以得到這個型別的實體或是物件，我們就可以操作這個物件。

　　實體化的步驟非常簡單，只需要在型別之後加上小括弧，並且在小括弧中填入相對應欄位的值，就可以得到這個型別的物件，我們會將這個物件指派給一個變數，這樣比較方便操作。

In [5]:
```
time = Time(10, 5, 0)
```
Out[5]:
Time(10, 5, 0)

　　Time(10, 5, 0) 是一個實體化的過程，當中的 10、5、0 會依序對應到欄位 hour、minute、second，所以這是一個代表 10 點 5 分 0 秒的時間物件。我們會將這個物件指定給一個變數 time。接下來我們就可以對這個物件做操作：

In [6]:
```
time.hour
```
Out[6]:
10

如果我們想取出物件當中所存放的欄位，我們可以使用 .，語法是：
物件 . 欄位。

如果要變更物件的欄位，可以直接用指派的方式達成，但是目前的型
別是無法變更欄位的值的。

In [7]:

```
time.hour = 5
```

setfield! immutable struct of type Time cannot be changed

Stacktrace:
 [1] setproperty!(::Time, ::Symbol, ::Int64) at ./sysimg.jl:19
 [2] top-level scope at In[7]:1

▶ 可變更及不可變更型別

複合型別可以分成**可變更**（mutable）以及**不可變更**（immutable）
型別兩種。 在不可變更型別當中，欄位是不可以被變更的，相對在可變更
型別當中，欄位是可以變動的。但我們先前的例子當中使用 struct 關鍵字
作為開頭，這樣會宣告成不可變更型別。我們現在就來看看可變更型別的
例子：

In [8]:

```
mutable struct Time2
   hour::Int64
   minute::Int64
   second::Int64
end
```

在可變更型別的宣告當中，我們需要以 mutable struct 關鍵字作為開
頭，其餘的部分都與先前的描述相同。我們這邊宣告了第二種時間 Time2
型別，我們可以來試試看：

In [9]:

```
time2 = Time2(10, 5, 0)
```

Out[9]:
Time2(10, 5, 0)

In [10]:

```
time2.hour = 5
```

Out[10]:
5

　　如此一來，時間就可以改了！但是要注意的是，要更改的時間必須符合欄位宣告的型別。如果不符合宣告的型別，Julia 會試圖將它轉換成宣告的型別，如果無法轉換則會拋出錯誤。

In [11]:

```
time2.hour = 5.3
```

InexactError: Int64(5.3)

Stacktrace:
 [1] Type at ./float.jl:703 [inlined]
 [2] convert at ./number.jl:7 [inlined]
 [3] setproperty!(::Time2, ::Symbol, ::Float64) at ./sysimg.jl:19
 [4] top-level scope at In[11]:1

In [12]:

```
time2.hour = "5.3"
```

MethodError: Cannot `convert` an object of type String to an object of type Int64
Closest candidates are:
  convert(::Type{T<:Number}, !Matched::T<:Number) where T<:Number at number.jl:6
  convert(::Type{T<:Number}, !Matched::Number) where T<:Number at number.jl:7
  convert(::Type{T<:Integer}, !Matched::Ptr) where T<:Integer at pointer.jl:23
  ...

Stacktrace:
 [1] setproperty!(::Time2, ::Symbol, ::String) at ./sysimg.jl:19
 [2] top-level scope at In[12]:1

▶內部建構子

　　我們實體化的過程中其實是透過型別的建構子來進行實體化。首先會去呼叫型別的建構子，建構子就像一般的函式一樣，差別在於建構子的回傳值是實體化好的物件。我們會先介紹**內部建構子（inner constructors）**。內部建構子，顧名思義，是定義在型別宣告的區塊內，它就像一個函式一樣被放置在型別當中。內部建構子是唯一的，它會取代預設的內部建構子。

In [13]:

```
mutable struct Time3
    hour::Int64
    minute::Int64
    second::Int64

    Time3(h, m) = new(h, m, 0)
end
```

　　Time3(h, m) = new(h, m, 0) 就是一個內部建構子，它是一個函式，要求函式名稱必須與型別名稱相同，參數的數量可以自訂，它必須回傳一個已經實體化好的物件。在這邊它會接受兩個參數，分別代表小時以及分鐘。函式的內容包含了 new 這個特殊的函式呼叫，new 只能在內部建構子當中被使用，它的參數就是型別當中的欄位，並且依序對映。new 會直接實體化這個型別成為一個物件，所以這裡只允許使用者變更不同的小時以及分鐘，秒數則是 0。

In [14]:

```
time3 = Time3(3, 4)
```

Out[14]:
Time3(3, 4, 0)

　　使用上我們必須依循內部建構子的宣告，如此一來，就可以看到它完全依照我們所給的方式進行實體化，而三個參數的版本則是不能用的。

In [15]:

```
time3 = Time3(3, 4, 0)
```

MethodError: no method matching Time3(::Int64, ::Int64, ::Int64)
Closest candidates are:
 Time3(::Any, ::Any) at In[13]:6
Stacktrace:
 [1] top-level scope at In[15]:1

　　我們也可以將內部建構子寫成下面這樣，只要是寫成函式都是合法的：

```
mutable struct Time3
    hour::Int64
    minute::Int64
    second::Int64

    function Time3()
        ...
    end
end
```

　　如果沒有設定內部參數的話，Julia 本身有隱藏的內部建構子，隱藏的內部建構子等價於以下的程式碼：

```
mutable struct Time3
    hour::Int64
    minute::Int64
    second::Int64

    Time3(hour, minute, second) = new(hour, minute, second)
end
```

4. 案例研究：牛奶與盒子

　　在這邊我們研究一個把牛奶放到盒子裡的故事，如果要模擬在超市當中所看到的牛奶，在牛奶上面會有標價，而這些標價對牛奶來說是不變的。這樣可以拿來描述牛奶的特性。所以說，我們可以做一個不可變更的型別來描述牛奶。而盒子可以拿來裝牛奶，我們先預設一個盒子只能裝一個牛奶。對盒子來說，內容物是牛奶，而牛奶是可以更換的，所以對盒子來說它是一個可變更型別。

In [16]:
```julia
struct Milk
    price::Int64
end

mutable struct Box
    milk::Milk
end
```

In [17]:
```julia
m = Milk(45)
```
Out[17]:
```
Milk(45)
```

In [18]:
```julia
b = Box(m)
```
Out[18]:
```
Box(Milk(45))
```

In [19]:
```julia
m2 = Milk(150)
```
Out[19]:
```
Milk(150)
```

In [20]:
```julia
 b.milk = m2
 b
```
Out[20]:
```
Box(Milk(150))
```

　　很多的事物我們都可以把它分成：可變更或是不可變更的型別。主要取決於其內在狀態是否改變，如果一個型別的內在狀態是可以變更的，那它就是可變更型別。如果一個事物，從其出生到消滅，內在狀態都是不可變更的，那它就是不可變更型別。像這樣的型別就如同資料一般。

5. 方法

　　在 Julia 的型別系統中，型別的定義很重要，但是與型別互相搭配的方法也非常重要。對於**方法（method）**的設計大概是在 Julia 程式設計當中最核心的一個部分。那麼什麼是方法呢？在其他的物件導向語言當中，會將資料及函式包在一起成為類別，而 Julia 則是將資料加以組合成為新的型別，這邊的資料指的是在類別或是型別當中的欄位，然而函式並不會被包在型別當中，搭配型別使用的函式我們稱之為方法。最後，Julia 中的方法一般是指具有實作的內容，而函式則是一種介面。

　　我們可以為我們的時間型別來設計一些方法，例如格式化輸出，我們希望時間可以以某種時間格式輸出，我們可以這樣做：

```
mutable struct Time2
    hour::Int64
    minute::Int64
    second::Int64
end
```

　　我們可以用前面宣告過的 Time2 型別，我們希望定義一個方法 —— 將時間格式化。

　　我們可以用到前面提過的字串內插的方法來達成：

In [21]:
```
format(time::Time2) = "$(time.hour):$(time.minute):$(time.second)"
```

Out[21]:
```
format (generic function with 1 method)
```

　　這邊要注意的是，我們強烈建議將參數標記上型別，這代表這個方法是專屬於這個型別的，不然的話它將會接受「所有型別」，這會造成錯誤。在方法的宣告上可以用單行或是多行的函式宣告方式，兩者無異。我們將時間格式化成「小時：分鐘：秒」的格式，我們來試試看：

In [22]:

```
time = Time2(12, 0, 0)
formated_time = format(time)
```

Out[22]:
"12:0:0"

　　這樣我們就得到了格式化好的字串了！這個字串後續可以加以使用或是加工，我們可以將它輸出在螢幕上：

In [23]:

```
println(formated_time)
```

12:0:0

　　或是我們可以串接其他字串：

In [24]:

```
"It is " * formated_time
```

Out[24]:
"It is 12:0:0"

　　我們也可以有第二種格式，像是：

In [25]:

```
format2(time::Time2) = "$(time.hour):$(time.minute).$(time.second)"
```

Out[25]:
format2 (generic function with 1 method)

　　這次我們將時間格式化成「小時 : 分鐘 . 秒」的格式輸出。

In [26]:

```
format2(time)
```

Out[26]:
"12:0.0"

　　我們還可以為時間型別定義其他的方法，判斷時間是上午還是下午，我們可以有 isam 以及 ispm 來分別判斷時間是上午或是下午。

　　isam 方法會判斷如果時間是上午的時間，則會回傳 true，若不是則
會回傳 false。ispm 方法會判斷如果時間是下午的時間，則會回傳 true，
若不是則會回傳 false。

In [27]:
```julia
function isam(time::Time2)
  if 0 <= time.hour < 12
    return true
  end
  return false
end

function ispm(time::Time2)
  if 12 <= time.hour < 24
    return true
  end
   return false
 end
```
Out[27]:
ispm (generic function with 1 method)

In [28]:
```julia
 isam(time)
```
Out[28]:
False

In [29]:
```julia
 spm(time)
```
iOut[29]:
true

　　如此一來，好用的時間型別就誕生啦！我們可以加入更多方法來讓這
個型別更完善，擁有更加豐富的功能。

6. 案例研究：把牛奶放入盒子

我們延續先前的案例研究。一個盒子應該允許牛奶被放入，那我們先前可以透過指定的方式來將牛奶指定給盒子。這樣的實作細節隨著功能變多會愈複雜，我們應該將這些實作細節做一些封裝，讓這些細節被隱藏起來。我們可以實作 put! 函式來完成。

In [30]:
```julia
function put!(b::Box, m::Milk)
    b.milk = m
    b
end
```
Out[30]:
put! (generic function with 1 method)

我們將剛剛指定的動作封裝到函式 put! 當中，這樣日後需要更複雜的行為時，可以與其他程式碼有區隔，獨立開來。

In [31]:
```julia
m = Milk(100)
put!(b, m)
```
Out[31]:
Box(Milk(100))

對使用者而言，要理解程式碼也變得簡單了。put!(b, m) 就可以直接解釋為「將牛奶放入盒子中」，而不是「將牛奶指定給盒子的欄位，並且回傳盒子」。

7. 抽象型別

我們來介紹一個更高階的概念，如果我有了一個可以代表狗的型別和一個代表貓的型別，這兩個型別會有共同的一些特徵或是特性，像是牠們都是一種動物。在我們的生活中充斥著這樣的概念，我們會說某些東西是同一類，同一類的概念就是代表它們有共同的特質或是屬性，在程式當中我們可以有相對應的實作方式，稱為**抽象型別（abstract type）**。

抽象型別，它是代表一個概念，它並不具有實質的作用或是實體。相對於抽象型別，我們前面介紹過的型別都可以通稱為**具體型別（concrete type）**。我們希望把我們宣告過的具體型別加以歸類，可以用抽象型別來代表它們。

我們來試著建立 Animal 這個抽象型別，以及 Dog 與 Cat 的具體型別：

In [32]:

```
abstract type Animal end

struct Dog <: Animal
    name::String
end

struct Cat <: Animal
    name::String
end
```

抽象型別的宣告方式是 abstract type Animal end，要以 abstract type 關鍵字作為開頭，並且以 end 作為結尾，中間則是抽象型別的名稱。我們可以看到在宣告 Dog 與 Cat 的具體型別的語法上有些不同，像是 Dog <: Animal，這代表著 Dog 是 Animal 的子型別，或是 Dog 是一種 Animal。

子型別（subtype）是一種關係的稱呼方式，與之相對的是**父型別（supertype）**。<: 運算子是用來表達兩個型別之間的從屬關係，在運算子的左邊的是子型別，在運算子的右邊的是父型別。一個父型別底下可以有很多個子型別，但是在 Julia 中，一個子型別只會屬於一個父型別。

我們可以從上面的程式碼看到，Dog 跟 Cat 的父型別是 Animal，而 Animal 有 Dog 跟 Cat 兩個子型別。

在程式上，抽象型別有別於具體型別，在一些程式的規範及語法上有以下的規則：

- 抽象型別不能被實體化
- 具體型別不能作為父型別，然而抽象型別則可以是父型別或是子型別

  如果要試圖實體化抽象型別的話，會發生以下的事情：

In [33]:

```
Animal()
```

MethodError: no constructors have been defined for Animal

Stacktrace:
 [1] top-level scope at In[33]:1

具體型別可以是一種抽象型別，它們之間有 is-a（是一種、是一類）關係，像是狗是一種動物，在這邊狗是具體型別，動物則是一種抽象概念，是抽象型別，它們具有 is-a 關係。

有了抽象型別之後可以做什麼呢？我們可以在抽象型別上定義一些方法，這些方法就可以一體適用這個抽象型別下的所有子型別，以及它的子孫們。像是我們可以為動物取名字，我們可以定義一個 name 的方法來取得動物的名字。

In [34]:

```
name(a::Animal) = println("My name is $(a.name)")
```

Out[34]:
name (generic function with 1 method)

這時候我們可以實體化一隻狗跟一隻貓來測試看看：

In [35]:

```
d = Dog(" 小黃 ")
```

Out[35]:
Dog(" 小黃 ")

In [36]:

```
name(d)
```

My name is 小黃

In [37]:

```
c = Cat(" 咪咪 ")
```

Out[37]:
Cat(" 咪咪 ")

In [38]:

```
 name(c)
```

My name is 咪咪

看到了吧！我只需要定義一個方法就可以讓其他的子型別使用。

8. 型別的階層

這時 Dog 跟 Cat 為具體型別，Animal 則是抽象型別。先前有提到：具體型別不能作為父型別，而抽象型別則可以是父型別或是子型別，這樣的規則下會發生什麼事呢？

我們可以想像整個型別的關係有一個階層存在，稱為**型別階層（type hierarchy）**這個階層會像一顆樹一樣，這顆樹是倒過來長的，根部朝上，葉子的部分朝下，而這些葉子就是具體型別，其餘的部分則都是抽象型別。

▶ 內建型別

我們來看看在標準函式庫當中的內建型別，你可以看到它們組織成一個樹狀的結構（圖 10-1），在這邊的根部就是最上頭的 Number，而最底下的葉子就是 Int8、Int16、Int32... 等等具體型別。定義在愈接近根部，同時也是概念愈抽象，也就擁有最廣義的概念跟用途。

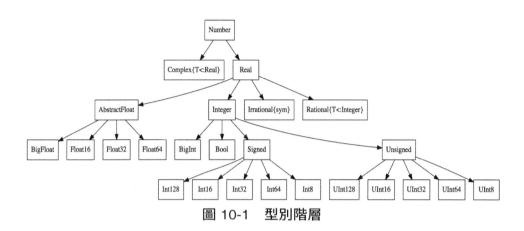

圖 10-1　型別階層

▶ 所有型別都有父型別

我們可以用 supertype 這個函式來得知一個型別的父型別是誰：

In [39]:

```
supertype(Dog)
```

Out[39]:
Animal

In [40]:

```
supertype(Animal)
```

Out[40]:
Any

我們可以看到 Animal 的父型別是 Any，但是我們剛才並沒有這樣宣告啊！是的！這是因為 Julia 會指定所有沒有父型別的型別，它們的父型別一律是 Any，所以 Any 在這邊代表所有的型別。

那麼 Any 的父型別是誰？

In [41]:

```
supertype(Any)
```

Out[41]:
Any

居然是自己！意外吧！

▶ 子型別

反過來，我們可以知道一個型別的子型別是誰，一個型別的子型別有複數個，可以用 subtypes 來獲得。

In [42]:
```
subtypes(Animal)
```
Out[42]:
2-element Array{Any,1}:
 Cat
 Dog

以上程式碼是去獲取所有 Animal 的子型別。

In [43]:
```
subtypes(Dog)
```
Out[43]:
0-element Array{Type,1}
 1-

Dog 則是沒有子型別。另外，<: 可以用來確認兩個型別之間是否為父型別及子型別的關係：

In [44]:
```
Dog <: Animal
```
Out[44]:
true

這就代表 Dog 的確為 Animal 的子型別。

9. 案例研究：商品與購物車

我們先前講解了牛奶跟盒子的例子，我們可以將這樣的概念擴充成為商品跟購物車。購物車時常是電子商務系統中常用到的概念，我們來實作商品與購物車的例子。商品是一個抽象的概念，抽象的概念很適合抽象型別。例如牛奶跟蘋果是我們的商品，所以這兩者是一種商品。

In [45]:

```
abstract type Item end

struct Milk <: Item
    price::Int64
end

struct Apple <: Item
    price::Int64
end
```

　　我們可以讓這牛奶與蘋果都成為商品的子型別。接下來，我們需要一個購物車，而購物車中需要裝複數個商品，所以需要一個欄位來裝這些商品，最簡單的方式可以是一個陣列，裡頭允許裝 Item 型別的物件。

In [46]:

```
struct Cart
    items::Vector{Item}
    Cart() = new(Item[])
end
```

　　在這邊我們不需要可變更型別，因為當中的 items 欄位已經是可以可變更的陣列了，我們可以將東西放進去。我們預設一個內部建構子，可以預先建立一個空的陣列，而陣列當中的元素需要是 Item 型別。

In [47]:

```
import Base.push!
 push!(c::Cart, i::Item) = push!(c.items , i)
```

Out[47]:
push! (generic function with 23 methods)

　　這邊我們也實作了 push! 方法，與先前的版本不同的是，在這邊我們允許被放進來的要是一個 Item 型別的物件，所以只要是 Item 的子型別的物件都可以適用這樣的方法。

In [48]:

```
cart = Cart()
```

Out[48]:
Cart(Item[])

In [49]:

```
push!(cart, Milk(45))
```

Out[49]:
1-element Array{Item,1}:
 Milk(45)

In [50]:

```
push!(cart, Milk(105))
```

Out[50]:
2-element Array{Item,1}:
 Milk(45)
 Milk(105)

In [51]:

```
push!(cart, Apple(20))
push!(cart, Apple(40))
push!(cart, Apple(60))
```

Out[51]:
5-element Array{Item,1}:
 Milk(45)
 Milk(105)
 Apple(20)
 Apple(40)
 Apple(60)

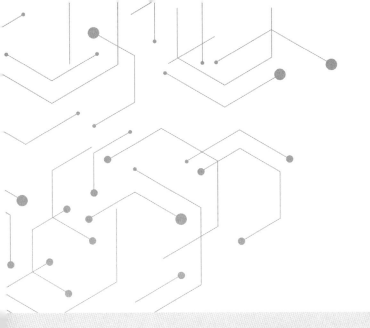

方法

11

1. 定義方法

　　程式設計中，設計相對應的型別來使用是很重要的。型別的設計除了資料結構本身，也包含了可以對資料結構所做的操作。接下來就要來帶大家如何定義方法，方法就是可以搭配型別作用的操作，宣告方式如下：

```
In [1]:
 (x::Float64, y::Float64) = 2x + y
fOut[1]:
f (generic function with 1 method)
```

```
In [2]:
 f(2.0, 3.0)
Out[2]:
7.0
```

　　看起來不就跟函式一樣嗎？

▶ **函式與方法的差別**

　　大家可能會困惑為什麼在 Julia 中，方法與函式長得一模一樣。是的，在 Julia 中它們的確長得一樣，但是其實是有差別的。在 Julia 中，我們會強調函式其實指的是**函式名稱（function name）**，以上述的程式碼為範例的話是 f 這個部分，而方法指的則是包含參數在內的**函式簽名（function signature）**，以上述的程式碼為範例的話是 f(x::Float64, y::Float64)。

　　我們可以針對同樣的函式名稱，依據不同的參數型別，有不同的實作方式，例如：

```
In [3]:
f(x::Number, y::Number) = 2x - y
f(2.0, 3)
Out[3]:
1.0
```

　　這時候你會發現 Julia 幫 f(Float64, Int64) 這樣的函式呼叫挑選了 f(Number, Number) 這個方法執行，所以不同的方法決定了不同的實作方式。在 Julia 中如果有同樣的函式簽名，會被視為相同，並且後者會覆寫前者。你可以用 methods 函式查詢目前這個函式名稱有多少種實作：

```
In [4]:
  methods(f)
Out[4]:
```

2 methods for generic function f:
• f(x::Float64, y::Float64) in Main at In[1]:1
• f(x::Number, y::Number) in Main at In[3]:1

　　在 Julia 中，函式指的是 f，這個**介面 (interface)**，方法指的則是 f(x::Number, y::Number)，而方法則唯一決定了**實作（implementation）** f(x::Number, y::Number) = 2x - y。

2. 多重分派

　　對程式語言來說，它要如何決定要使用哪一個函式的實作版本？

　　這是一個相當重要的議題，當我們呼叫同樣函式名稱的函式的時候，程式應該執行哪一種實作版本？**多重分派（multiple dispatch）** 機制是一種決定程式應該執行哪一種實作版本的方法。我們來舉個例子，可是我們今天有個型別稱為人類（Human），還有一個型別稱為狗（Dog），這兩種物件都需要有喝水的動作，所以它們需要喝（drink）的函式。我們可以定義一個 drink 的函式，但是 Human 和 Dog 的喝水方式不同，應該要有不同的實作方式。多重分配機制會依據呼叫函式時，所給定參數的數量以及參數的型別組合的不同，去決定它要呼叫哪一種方法。

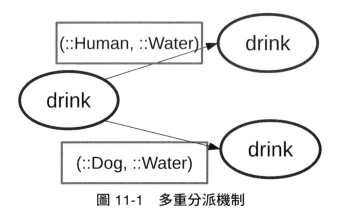

圖 11-1　多重分派機制

　　假設我們實作了 drink(h::Human, w::Water) 以及 drink(d::Dog, w::Water)
方法。當函式呼叫時，給定的參數符合 (h::Human, w::Water)，那麼就會
去呼叫 drink(h::Human, w::Water) 這個方法；相對的是，如果給定的參數
符合 (d::Dog, w::Water)，那麼就會去呼叫 drink(d::Dog, w::Water) 方法。

小叮嚀

　　在決定呼叫哪一個方法的過程中，參數的數量以及參數的型別組合
扮演了重要的角色。當函式呼叫中，給定的參數數量是三個，那麼程式
就會去找剛好有三個參數的方法。參數的型別組合包含了參數的型別以
及順序，例如：(::A, ::B) 以及 (::B, ::A) 就會是不一樣的方法。

▶ **方法的模糊地帶**

　　一切看起來都非常美好，但有的時候你會發現在某些狀況下，可能會
收到錯誤：

```
In [5]:
g(x::Float64, y) = 2x + y
Out[5]:
g (generic function with 1 method)
```

In [6]:
```
g(x, y::Float64) = x + 2y
```
Out[6]:
g (generic function with 2 methods)

In [7]:
```
g(3.0, 4.0)
```
MethodError: g(::Float64, ::Float64) is ambiguous. Candidates:
　g(x, y::Float64) in Main at In[6]:1
　g(x::Float64, y) in Main at In[5]:1
Possible fix, define
　g(::Float64, ::Float64)
Stacktrace:
　[1] top-level scope at In[7]:1

　　你會發現如果這樣定義方法的話，會造成語意不清，如果呼叫 g(Float64, Float64)，那麼它要執行哪一個方法呢？

　　這是**方法的模糊（method ambiguity）**，也就是當一個函式呼叫可以有複數個方法可以使用的時候，就會產生方法的模糊。這樣問題的解法也不難，只需要把 g(Float64, Float64) 定義好就好。

▶ 不遺漏的定義方法

　　在 Julia 內部有一張函式表，當中記錄著有哪些方法的實作。當函式呼叫發生的時候，它會依據函式呼叫中所給定的參數的型別來判斷要呼叫哪一個方法，它會去搜尋最符合的方法呼叫。我們需要定義以下這三種方法來滿足我們的需求：

In [8]:
```
g(x::Float64, y::Float64) = 2x + 2y
g(x::Float64, y) = 2x + y
g(x, y::Float64) = x + 2y
```
Out[8]:
g (generic function with 3 methods)

In [9]:
```
g(2.0, 3)
```
Out[9]:
7.0

```
In [10]:
```
```
g(2, 3.0)
```
```
Out[10]:
8.0
```

```
In [11]:
```
```
g(2.0, 3.0)
```
```
Out[11]:
10.0
```

3. 使用多重分派的範例

　　藉由限制參數的型別，我們可以區分不同參數組合的情況下，可以定義不同的行為，如此一來，我們就可以讓程式的行為更加細緻。我們可以藉由設計參數型別來定義不同的方法，藉此可以發展出不同的設計模式。我們接下來會介紹一些常見的設計模式，讓我們先做以下的情境假設：

▶ 用來取代 if-else

　　有時候我們在處理資料的時候，會遇到資料的資料結構上的不同。像以下的範例：

```
In [12]:
```
```
xs = ["1", ["23", "34"], "15", ["123", "234", "345"], "16", ["12345"]]
```
```
Out[12]:
6-element Array{Any,1}:
 "1"
 ["23", "34"]
 "15"
 ["123", "234", "345"]
 "16"
 ["12345"]
```

　　xs 當中含有 String 以及 Vector 兩種型別，當我們想要把它們全部蒐集在一起，成為一個 Vector{String} 的物件。

　　這樣的物件有同樣的型別，具有**型別穩定性（type stability）**，編譯器在處理上是比較有效率的，而且在直觀的理解上也比較簡單。以往我們要處理這類資料時會寫出如下的程式碼：

In [13]:

```
collections = String[]
for x in xs
    global collections
    if x isa String
        push!(collections, x)
    elseif x isa Vector
        append!(collections, x)
    end
end
```

In [14]:

```
collections
```

Out[14]:
9-element Array{String,1}:
 "1"
 "23"
 "34"
 "15"
 "123"
 "234"
 "345"
 "16"
 "12345"

　　我們需要有一個容器 collections 來蒐集最後的結果。接著我們會將 xs 當中的元素 x 一一拿出來，接著會判斷 x 這個元素的型別。isa 是一個運算子，它會判斷左邊運算元的型別是否等於右邊的運算元，也就是物件 isa 型別。我們會用 if 判斷式來幫我們做判斷，如果物件的型別是 String，就可以直接將 x 放進 collections 中，又或者物件的型別是 Vector，就可以將 x 串接到 collections 後。最後，我們完成了資料結構的轉換。

　　我們可以利用多重分派的特性將不同的型別分開處理。我們可以定義 handle! 函式，它們分別針對不同的參數型別分別處理：

In [15]:

```
handle!(collections, x::String) = push!(collections, x)
handle!(collections, x::Vector) = append!(collections, x)
```

Out[15]:

handle! (generic function with 2 methods)

　　我們對給定 (collections, x::String) 這樣的參數，我們將 x 放進 collections 中。若是 (collections, x::Vector) 這樣的參數，我們將 x 串接到 collections 後。如此一來，迴圈就可以被簡化：

In [16]:

```
collections = String[]
for x in xs
  global collections
  handle!(collections, x)
end
```

　　藉由多重分派的特性，我們將迴圈的結構做了簡化，我們抽掉了 if 判斷式的結構讓整體更簡化。這樣的做法還有很大的優點，由於 handle! 的函式宣告是在迴圈之外的，所以當 xs 有額外的資料型別需要處理的時候，可以增加 handle!(collections, x) 這樣的方法宣告即可。這樣的做法符合軟體工程中的**開放封閉原則（open-closed principle）**，可以藉由增加程式碼的方式去擴充功能，而不需要修改既有的程式碼。

小叮嚀

　　軟體工程觀點：開放封閉原則，良好的軟體設計應該對擴充開放，對於修改封閉。也就是說，一個設計良好的軟體應該允許或是可以輕易地擴充功能，而拒絕修改現有的程式碼。遵守這樣的原則可以保持軟體構造物（型別、方法、模組等等）上的單純，以降低原有的功能出現錯誤的機會，也可以比較容易獨立做測試。以下附上原文：

Open–closed principle: software entities (classes, modules, functions, etc.) should be open for extension, but closed for modification.

▶ 階層型技巧

官方將這樣的方式稱為**迭代分派（iterated dispatch）**，但這樣的名詞及概念可能不是很好理解，筆者使用階層型為模式名稱。如果你想為一系列相同的行為定義方法，但是容許不同的型別，你可以試試以下模式。

如果你想要提供矩陣上的加法運算，你需要先宣告以下方法：

$$+(a::Matrix, b::Matrix) = map(+, a, b)$$

一個允許矩陣相加的方法，它會將矩陣上所有元素進行對映並相加。這邊使用 map 來實作，map 會將 a 及 b 中的元素分別對映，接著運用 + 運算子將它們相加。不過這時候我們就需要考慮到每個元素相加的狀況了，當元素相加時，元素有不同的型別，有時候可能是 Int64，有時候可能是 Float64，為了讓它們順利相加，我們需要以下方法：

$$+(a, b) = +(promote(a, b)...)$$

promote 函式會將參數 a 及 b 的型別提升到相同的型別，這樣才能讓加法進行運算。而 ... 則是將 promote 回傳的數組展開成為 + 函式的參數。最後，進行個別數值的相加。在這裡大家會發現，這裡的方法中，參數的型別並不限制，這表示它可以接受任意型別的組合，所以它自然可以接受由 map(+, a, b) 而來的運算。這樣在不同階層提供不同的實作方法，並且讓不同階層的實作可以串聯在一起，我們稱為階層型。

$$+(a::Float64, b::Float64) = Core.add(a, b)$$

如果你對於特定的型別有特定的實作方式的話，你可以加以定義特定的實作方式。只要額外加上一個方法，並指定型別即可。這樣的做法也會承接由 +(promote(a, b)...) 而來的一部分運算。特化的運算可以對整體的運算效能是有幫助的。

▶ 匯流型技巧

我們可能會需要接收不同的型別，但是有類似的行為，例如，我們想要將不同檔案格式的內容格式化成我們自己定義的格式。我們相要將 JSON、XML 及 YAML 三種物件的檔案格式轉成統一的自定義型別

MyFormat，再進行處理。這時候我們可以這樣做：

```
format(x::JSON) = format(json2myformat(x))
format(x::XML) = format(xml2myformat(x))
format(x::YAML) = format(yaml2myformat(x))
format(x::MyFormat) = ...
```

　　我們對 JSON、XML 及 YAML 三種物件的檔案格式都提供了 format 方法，它們分別會先去呼叫 json2myformat、xml2myformat 及 yaml2myformat 來將物件轉換成 MyFormat 的物件。接著，轉換成 MyFormat 的物件會被放到 format 中，format(x::MyFormat) 就可以接手處理 MyFormat 物件了。這樣的模式我們稱為匯流型。

　　可能還存在其他的設計模式，Julia 提供了一個非常自由的方式讓大家建立系統。多重分派及型別系統的搭配達成了這樣的自由度，再加上參數化方法及參數化型別的運用，讓語言的表達力又更上一層樓。這樣的設計搭配巧妙的**型別推論機制（type inference）**，同時提供了底層的編譯器足夠的最佳化資訊，產生出最有效率的機器碼是可以預見的。

4. 函式的多載與擴充

　　在官方提供的標準函式庫當中有許多已經定義的運算子或是函式。我們可以透過**擴充函式（method extension）**的功能來讓同樣的函式有更多更豐富的行為。這與一般語言的**函式多載（function overloading）**非常相似，但是差別是需要先將既有的運算子或是函式先載入進來。

In [17]:
```
import Base.+
```

　　在標準函式庫中有不同的**模組（module）**，我們可以從 Base 這個模組中載入所需要擴充的函式或運算子。在 Julia 中有兩種載入方式，一種是用 using，這種是載入模組進來使用，而 import 則是載入模組進來擴充。這邊我們來擴充 + 這個運算子。

In [18]:
```
'' + ''
```
MethodError: no method matching +(::Char, ::Char)
Closest candidates are:
 +(::Any, ::Any, !Matched::Any, !Matched::Any...) at operators.jl:502
 +(!Matched::Integer, ::AbstractChar) at char.jl:224
 +(::T<:AbstractChar, !Matched::Integer) where T<:AbstractChar at char.jl:223

Stacktrace:
 [1] top-level scope at In[18]:1

　　原本兩個 Char 是無法相加的。我們可以額外定義 Char 的加法運算來擴充它。

In [19]:
```
+(x::Char, y::Char) = x + Int(y)
```
Out[19]:
+ (generic function with 164 methods)

　　我們知道 Char 是可以跟整數相加的，所以我們可以將其中一個 Char 轉成整數，並且相加。

In [20]:
```
'' + ''
```
Out[20]:
'@': ASCII/Unicode U+0040 (category Po: Punctuation, other)

　　擴充完之後，我們就可以讓兩個 Char 執行加法了。

5. 外部建構子

　　我們前面有先介紹過內部建構子，還有另一種稱為**外部建構子（outer constructor）**。顧名思義，這是一個定義在型別宣告之外的建構子，它跟一般的方法並沒什麼不同。如同內部建構子一樣，函式名稱必須與型別名稱相同，參數的數量可以任意自訂，它必須回傳一個已經實體化好的物件。但是差別在於外部建構子不能使用 new 函式來建構物件，外部建構子建構物件的方式是去呼叫內部建構子。你可以很簡單的在型別宣告之外加上很多不同的建構子，如同其他語言的**建構子多載（constructor overloading）**一樣，擁有更多樣的建構方式是對使用者有利的。

假設我們有個 Foo 型別，我們不特別宣告內部建構子，直接使用預設的內部建構子。

In [21]:
```
struct Foo
    bar
    baz
end
```

預設內部建構子會是 Foo(bar, baz)，我們可以宣告外部建構子：

In [22]:
```
Foo(x) = Foo(x, x)
```
Out[22]:
```
Foo
```

以上的程式碼會去呼叫內部建構子 Foo(x, x) 並且將內部建構子實體化完成的物件直接回傳。如此一來，我們就可以提供 Foo(x) 這樣只需要單一參數的建構方式。這樣讓一個建構子去呼叫另一個建構子來建立物件的做法稱為**建構子串聯（constructor chaining）**。這樣的做法可以善用既有的建構子。

In [23]:
```
Foo(2)
```
Out[23]:
```
Foo(2, 2)
```

我們也可以提供更方便的 Foo() 的建構方式，它不需要任何參數，只需要去呼叫 Foo(x) 這個外部建構子來實體化物件。

```
In [24]:
  Foo() = Foo(0)
  Foo()
Out[24]:
  Foo(0, 0)
```

　　使用外部建構子的好處是可以提供多樣的物件實體化方式，使用者可以免去非常多的創建物件的麻煩。關於外部建構子的架構方式可以參考圖11-2。

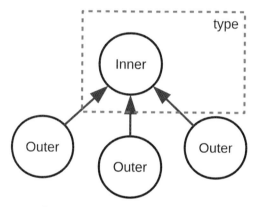

圖 11-2　外部建構子的架構

　　在設計上，盡量讓內部建構子可以接受最廣義、最有彈性的建構方式，藉由添加外部建構子來提供更多的便利性以及可能。如此的設計之下，便可以兼有使用彈性以及便利性。

6. 空的泛型函式（選讀）

　　有的時候你需要定義方法的介面，但不定義實作。

　　有時候我們希望開放方法的實作給其他人，不先預定方法的實作。這樣的想法常常會出現在框架的設計上，這樣介面跟實作分離的使用情境，可以增加程式碼的可讀性。

In [25]:

```
function generic
end
```

Out[25]:
generic (generic function with 0 methods)

　　我們可以只宣告一個函式的名稱 generic，作為一個占位符使用，日後如果需要有 generic 的方法實作的話，只需要增加方法的宣告即可。

In [26]:

```
methods(generic)
```

Out[26]:
0 methods for generic function generic:

　　目前是沒有任何方法的實作的，所以也無法進行呼叫。

In [27]:

```
generic()
```

MethodError: no method matching generic()

Stacktrace:
 [1] top-level scope at In[27]:1

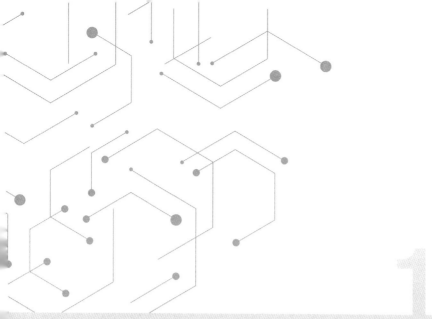

資料結構與泛型程式設計

12

1. 資料結構

　　資料結構是從程式設計接到演算法的基礎。在電腦科學中，資料結構可以有非常多的樣貌，例如最基礎的陣列，是一個由連續記憶體空間組成的資料結構。舉凡集合、字典、堆疊等等集合容器都是一種資料結構，進階的資料結構還包含樹及圖（graph）。資料結構可以說是非常廣泛的一個領域。在這個章節中我們會介紹如何去實作資料結構，由簡單的再到複雜的。最後，我們會進一步引入泛型的概念，教大家如何實作泛型資料結構。

2. 範例：佇列

　　佇列（queue）可以說是很常用到而單純的資料結構了。大家可以把它想像是有跟陣列一樣的形狀，但是只能從一個方向進入，另一個方向出去，這樣的特性我們稱為**先進先出（first in, first out, FIFO）**。在實作中，我們的確需要一個陣列：

In [1]:
```julia
struct Queue
  data::Vector{Number}
  Queue() = new(Number[])
end
```

　　我們會實作標準函式庫既有的函式介面 push! 及 pop!。有點像陣列中的 push! 及 pop!，我們需要從陣列的尾端放資料進去，從頭端取資料出來。這樣就像排隊一樣，人從尾端排進隊伍中，再從頭端出隊伍。

In [2]:

```
mport Base: push!, pop!
push!(q::Queue, x) = push!(q.data, x)
pop!(q::Queue) = popfirst!(q.data)
```

iOut[2]:
pop! (generic function with 20 methods)

　　push!(q.data, x) 會將 x 放入 q.data 的尾端，而 popfirst!(q.data) 會從 q.data 取第一個資料出來。那麼我們來試試看！先做一個空的佇列。

In [3]:

```
queue = Queue()
```

Out[3]:
Queue(Number[])

　　接著，放入第一個元素。

In [4]:

```
push!(queue, 10)
```

Out[4]:
1-element Array{Number,1}:
 10

　　放入第二個元素。

In [5]:

```
push!(queue, 13.5)
```

Out[5]:
2-element Array{Number,1}:
 10
 13.5

　　也可以放入 π。

In [6]:

```
push!(queue, π )
```

Out[6]:

```
3-element Array{Number,1}:
 10
 13.5
  π = 3.1415926535897...
```

我們可以試著將元素取出。

In [7]:

```
pop!(queue)
```

Out[7]:
```
10
```

3. 自我參考

我們了解如何以陣列來實作資料結構之後,我們如果想要實作更進階的資料結構的話,會使用到**自我參考(self-reference)**的特性。

▶ 自我參考的型別

自我參考是一個特殊的結構,一個型別中,其中一個欄位會是自己。這樣的結構可以讓一個物件參考到與與自身相同的型別的物件上。我們可以利用這樣的特性來進一步設計資料結構。

▶ 不完全初始化

在設計自我參考結構的情況下,不完全的設計可能會造成不完全的物件初始化。在實體化的過程中,我們都需要對一個型別的欄位賦值,在某些狀況下我們無法對一些欄位賦值,這時候就會造成初始化不完全的狀況,這時候會產生錯誤。以下為最原始的自我參考結構狀況:

In [8]:

```
mutable struct SelfReferential
    obj::SelfReferential
end
```

我們宣告一個稱為 SelfReferential 的型別，而這個型別的一個欄位需要一個同為 SelfReferential 型別的值，我們需要在初始化階段給定這個值，否則它無法實體化。不過我們還沒有辦法實體化出第一個 SelfReferential 型別的物件，我們怎麼有辦法提供給這個欄位呢？

In [9]:

```
sr = SelfReferential()
```
```
MethodError: no method matching SelfReferential()
Closest candidates are:
 SelfReferential(!Matched::SelfReferential) at In[8]:2
 SelfReferential(!Matched::Any) at In[8]:2

Stacktrace:
 [1] top-level scope at In[9]:1
```

為了要讓這樣的物件可以順利產生，我們可以加入一個內部建構子。

In [10]:

```
mutable struct SelfReferential2
  obj::SelfReferential2
  function SelfReferential2()
    x = new()
    x.obj = x
    return x
  end
end
```

這個內部建構子會先實體化一個 SelfReferential2 物件（x = new()），接著將這個物件 x 指派給物件 x 的 obj，最後把物件 x 回傳。這樣會得到一個意想不到的效果：

In [11]:

```
sr2 = SelfReferential2()
```
```
Out[11]:
SelfReferential2(SelfReferential2(#= circular reference @-1 =#))
```

你可以比較 sr2 跟 sr2.obj 是不是相同的。

In [12]:
```
sr2 === sr2.obj
```
Out[12]:
true

你會接著發現 sr2 跟 sr2.obj.obj 也是相同的喔！

In [13]:
```
sr2 === sr2.obj.obj
```
Out[13]:
true

後續無論加上多少個 .obj 都會跟原本的 sr2 是一樣的！這稱為自我參考。

4. 範例：Linked list

我們現在來實作一個簡單的 linked list，有人翻譯成連結串列，不過筆者本身認為原文比較能表達這個資料結構的意涵。它是最基礎的一種資料結構，在陣列當中，每個元素在記憶體空間當中的位址是連續的，但是在 linked list 當中卻不是，它是散落在記憶體空間中。它相對陣列比較自由，在陣列當中要求每個元素都要是相同的型別，但在 linked list 當中不用。

Linked list 是由一個一個的**節點 (node)** 組成的，節點的結構如圖 12-1：

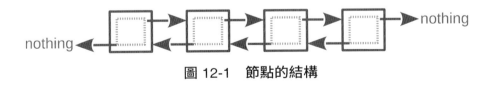

圖 12-1　節點的結構

　　這個節點本身需要儲存資料 data，然後需要有一個箭頭可以指向下一個節點，而我們的變數本身就可以作為一個箭頭使用，所以型別當中的欄位 next 可以扮演這樣的角色。相對的，讓一個節點可以指向前一個節點，我們可以有一個欄位 prev 來擔任這樣的角色。這邊我們需要用到前面學到的自我參考的方法來實作，自我參考是讓一個型別當中的欄位可以指向同樣型別的物件，所以我們這邊需要將一個節點設計成可以指向同樣型別的節點。

　　我們想像中的 linked list 應該如圖 12-2：

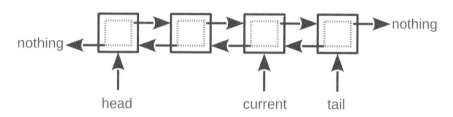

圖 12-2　linked list

　　可以將所有的節點串接起來，讓欄位 next 指向下一個節點，欄位 prev 指向前一個節點，如此一來，就可以將 linked list 實作出來了。大家應該有注意到在 linked list 的最前頭（最左邊）以及最後頭（最右邊）是沒有前一個以及下一個節點的，這時候該怎麼辦呢？這時候我們可以用 nothing 來取代節點的位置，這意味著我們需要一個可以指向節點也可以指向 nothing 的欄位。我們可以像這樣宣告一個節點：

In [14]:

```
mutable struct Node
    prev::Union{Node, Nothing}
    next::Union{Node, Nothing}
    data::Number
end
```

　　型別必須是可變更的，這樣才允許 Node 可以變換位置。大家會注意到欄位 next 以及欄位 prev 的型別是 Union{Node, Nothing}，而 nothing 的型別是 Nothing，Union{Node, Nothing} 則是一個可以是 Node 也可以是 Nothing 的型別。

　　Union 是一個抽象形別，它提供一種方式，可以讓一個變數或是欄位可以接受不同的型別，只要將允許的型別寫在花括弧中。它本身是一種抽象型別，所以它不能被實體化。

In [15]:
```julia
n = Node(nothing, nothing, 0)
```
Out[15]:
```
Node(nothing, nothing, 0)
```

　　我們成功造出了單一個節點了！不過節點的表示法上可能不是很好理解，我們可以做以下修改：

In [16]:
```julia
function Base.show(io::IO, node::Node)
    print(io, "Node(")
    (node.prev != nothing) && print(io, " - ")
    print(io, "$(node.data)")
    (node.next != nothing) && print(io, " - ")
    print(io, ")")
end
```

　　我們可以藉由提供新的 Base.show 函式來提供 Node 一個表示法。這邊會檢查欄位 next 以及欄位 prev 是否為 nothing 來決定它是否有其他連結，效果就像這樣：

In [17]:
```julia
n
```
Out[17]:
```
Node(0)
```

　　接下來，我們要來設計 LinkedList 型別，LinkedList 型別是由 Node 所串接起來的，但是操作上可能會有點麻煩，所以我們需要給它一點箭頭當成標示（如圖 12-3），這邊我們設計了 head、current 以及 tail 三個欄位，這三個欄位分別會標示 LinkedList 的起頭、目前位址以及尾端三個 Node。

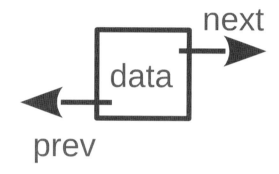

圖 12-3　LinkedList 型別

In [18]:

```
mutable struct LinkedList
    head::Node
    tail::Node
    current::Node
    function LinkedList(data)
        node = Node(nothing, nothing, data)
        new(node, node, node)
    end
end
```

　　這邊我們特別設計了內部建構子，以方便建構一個 LinkedList 物件，它只需要接受第一筆資料並儲存到 Node 中，接著，這個時候的 head、current 以及 tail 三個欄位都是指向這個欄位。

In [19]:

```
ll = LinkedList(0)
```

Out[19]:
```
LinkedList(Node(0), Node(0), Node(0))
```

由於原始的表示法也不是很好觀察 LinkedList 物件，所以我們重新撰寫了 Base.show 函式來提供新的表示法。

In [20]:

```julia
function Base.show(io::IO, ll::LinkedList)
  ll.current = ll.head
  print(io, "LinkedList(")
  while ll.current != ll.tail
    print(io, "$(ll.current.data) - ")
    ll.current = ll.current.next
  end
  print(io, "$(ll.current.data))")
end
```

在這邊我們先把 ll 物件的 current 指向 head，代表我們從起頭開始。接著，我們可以一個一個遍歷過所有的節點，直到 current 走到最後一個節點 tail 為止。在遍歷的過程中，我們會把每個節點中儲存的資料 ll.current.data 印出，並且每次迴圈會去檢查 current 是否已經走到 tail 了。ll.current = ll.current.next 則是將 current 移動到下一個節點上。

這時候我們已經完成了 LinkedList 物件的表示法了！但是目前為止，LinkedList 物件都沒有一個增長的辦法，接下來我們就要來撰寫可以插入節點的函式。

In [21]:

```julia
function insert!(ll::LinkedList, node::Node)
  node.prev = ll.current
  node.next = ll.current.next
  if ll.current === ll.tail
    ll.tail = node
  else
    ll.current.next.prev = node
  end
```

```
    ll.current.next = node
    ll.current = node
    ll
end
```

Out[21]:
insert! (generic function with 1 method)

　　我們設計了 insert! 這個函式，它可以讓我們把一個節點插到 LinkedList 物件的 current 之後。首先我們先將新加入的節點先插入到 LinkedList 物件中，接著檢查 current 是否剛好是 tail，如果是，我們需要將 tail 指向 node，如果不是，我們需要將 current 的下一個節點的 prev 指向 node。最後，我們將 current 的 next 指向 node，並且移動 current 到 node 上。

　　我們來測試看看吧！

In [22]:
```
insert!(ll, Node(nothing, nothing, 1))
insert!(ll, Node(nothing, nothing, 2))
insert!(ll, Node(nothing, nothing, 3))
insert!(ll, Node(nothing, nothing, 4))
```

Out[22]:
LinkedList(0 - 1 - 2 - 3 - 4)

In [23]:
```
ll
```

Out[23]:
LinkedList(0 - 1 - 2 - 3 - 4)

　　成功了！你有沒有辦法寫移除節點的函式 remove! 呢？自己試試看吧！

In [24]:

```
function remove!(ll::LinkedList)
  if ll.current === ll.tail
    ll.current = ll.current.prev
    ll.current.next = nothing
    ll.tail.prev = nothing
    ll.tail = ll.current
  else
    node = ll.current
    ll.current = ll.current.prev
    ll.current.next = node.next
    node.prev = nothing
    node.next.prev = ll.current
  end
  ll
end
```

Out[24]:
remove! (generic function with 1 method)

5. 泛型程式設計

　　泛型程式設計（generic programming）在程式設計領域當中是一種非常重要的程式典範。很多時候我們都會特別對某個型別設計演算法，但往往這個演算法只能適用於特定型別。如果我們希望將這樣的演算法用於其他型別，我們就必須為其他型別實作相同的演算法。泛型允許實作一種不針對特定型別的演算法，如此一來，便可以實作更泛用的演算法。在 Julia 泛型程式設計中，包含了參數化型別，以及參數化方法。參數化型別就像一個盒子，不事先定義盒子內的型別是什麼，允許所有型別被放入這個盒子中使用。參數化方法不為特定型別定義方法，所有型別都可以放入這個方法中運算。我們接下來就會一一介紹。

6. 參數化型別與建構子

▶ 參數化型別

　　我們會希望實作出來的型別並不只專屬於某個特定情境，我們希望它可以被廣泛運用，例如像陣列，陣列跟它所裝的元素無關，所以與元素的型別也無關。我希望像陣列這樣子的一個型別，它可以作為一個容器，容器可以承載不同的元素，容器與元素的型別無關。如果想要做到這件事情，我們就可以利用**參數化型別（Parametric type）**來達成。

　　參數化型別經由將元素的型別參數化，我們可以分離元素的型別與容器本身，如此一來，容器的使用就可以更加自由。

　　陣列本身就是一個參數化的型別：

In [25]:
```
Matrix{Int64}(undef, 8, 8)
```
Out[25]:
```
8 × 8 Array{Int64,2}:
 1 1 1 1 0 0 0 1
 0 1 1 1 0 0 0 1
 1 1 0 1 1 1 1 1
 1 1 1 1 4 0 1 1
 1 0 1 1 1 1 3 1
 1 0 3 1 1 0 1 1
 1 1 1 1 0 0 1 1
 1 1 1 1 1 0 1 0
```

　　如果宣告一個未初始化的二維陣列或是**矩陣（Matrix）**，我們可以看到在花括弧中所包含的就是這個陣列中元素的型別（{Int64}），這就是參數化型別。

　　我們如何宣告一個參數化型別呢？參數化型別的宣告方式大致上就跟前面談過的型別宣告一樣，但是增加了參數的部分。

In [26]:

```
struct Box{T}
    element::T
end
```

　　這邊我們可以看到在型別名稱的後方加了一個 {T}，當中的 T 就是型別的參數，你可以選自己想要的參數名稱，不過通常以大寫單一英文字母表示。型別中的欄位也有差別，這邊的 T 代表的其實是當中的欄位的型別，所以 element 的型別會被標示成 T，而 T 則是任意使用者給定的型別。

In [27]:

```
box = Box(8)
```

Out[27]:
Box{Int64}(8)

　　使用上，只需要將值放入容器當中，容器就能自動判別當中的型別。

In [28]:

```
box = Box(5.3)
```

Out[28]:
Box{Float64}(5.3)

In [29]:

```
box = Box(false)
```

Out[29]:
Box{Bool}(false)

　　當然，如果你想直接指定容器的型別也可以。

In [30]:

```
box = Box{Float64}(5.3)
```

Out[30]:
Box{Float64}(5.3)

▶ 參數化建構子

要實體化參數型別，就需要有參數建構子，**參數化建構子（parametric constructors）**只是在內部建構子或是外部建構子上加上參數，其他並沒有什麼不同。當你宣告型別 Point 的時候：

```
In [31]:
struct Point{T<:Real}
  x::T
  y::T
end
```

其實等價於這樣：

```
struct Point{T<:Real}
  x::T
  y::T

  Point{T}(x, y) where {T <: Real} = new(x, y)
end

Point(x::T, y::T) where {T<:Real} = Point{T}(x,y)
```

隱性參數化建構子

在使用參數化建構子的時候可以省去參數，讓 Julia 自動幫你判斷參數是什麼。

```
In [32]:
Point(1, 2)

Out[32]:
Point{Int64}(1, 2)
```

```
In [33]:
Point(1.0, 2.5)

Out[33]:
Point{Float64}(1.0, 2.5)
```

但是遇到兩種不同的型別時，會出現錯誤：

In [34]:

```
Point(1,2.5)
```

MethodError: no method matching Point(::Int64, ::Float64)
Closest candidates are:
 Point(::T<:Real, !Matched::T<:Real) where T<:Real at In[31]:2

Stacktrace:
 [1] top-level scope at In[34]:1

顯性參數化建構子

將參數型別直接寫出來有助於明確溝通，也有助於實體化的過程。

In [35]:

```
Point{Int64}(1, 2)
```

Out[35]:
Point{Int64}(1, 2)

In [36]:

```
Point{Float64}(1.0, 2.5)
```

Out[36]:
Point{Float64}(1.0, 2.5)

遇到型別與參數宣告時的不同時，Julia 會自動幫你做轉換，如果無法轉換則會出現錯誤：

In [37]:

```
Point{Float64}(1, 2)
```

Out[37]:
Point{Float64}(1.0, 2.0)

In [38]:

```
Point{Int64}(1.0, 2.5)
```

InexactError: Int64(2.5)

Stacktrace:
 [1] Type at ./float.jl:703 [inlined]
 [2] convert at ./number.jl:7 [inlined]
 [3] Point{Int64}(::Float64, ::Float64) at ./In[31]:2

[4] top-level scope at In[38]:1

宣告參數化建構子

　　參數化建構子的宣告就如同參數化方法的宣告。在內部建構子的方面與外部建構子有不同的宣告方式，需要注意一下，內部建構子的方面：

Point{T}(x, y) where {T <: Real} = new(x, y)

　　在建構子名稱（Point{T}）之後的 {T} 是必須的，不過不需要指定參數的條件，只需要將有用到的參數羅列出來即可。在建構子小括弧後的 where {T<:Real} 也是必須的，在這邊你需要指定參數的條件是什麼。

Point(x::T, y::T) where {T <: Real} = Point{T}(x,y)

　　在外部建構子的部分，在建構子名稱之後不需要 {T}。如果需要可以在函式簽名 (x::T, y::T) 上加上型別限制，這是選擇性的。不過函式簽名後的 where {T <: Real} 是必須的，在這邊你需要指定參數的條件。

7. 參數化方法

　　我們前面提到型別可以參數化成為容器，其實方法也可以參數化喔，稱為**參數化方法（parametric methods）**！方法可以藉由參數化來達成泛型程式設計的目的，或是只接受一定範圍的型別的物件。我們來看最簡單的參數化方法例子：

```
In [39]:
add(x::T, y::T) where {T} = x + y

Out[39]:
add (generic function with 1 method)
```

　　大家會發現參數的型別的部分被置換成 T 了，在這邊 T 可以是任何一種型別。在函式的簽名後方多了 where {T} 的部分，這邊是要將 T 視為一個類似變數的東西，後續我們會介紹可以在這個區域中限定 T 的型別範圍。根據以上定義，我們要求 x 與 y 的型別都要是 T，也就是程式會自動去檢查兩者的型別是否相同，相同型別才會進行計算。

In [40]:
```
add(5, 8)
```
Out[40]:
13

In [41]:
```
add(5, 8.0)
```
MethodError: no method matching add(::Int64, ::Float64)
Closest candidates are:
  add(::T, !Matched::T) where T at In[39]:1

Stacktrace:
 [1] top-level scope at In[41]:1

我們可以看到它可以適用於整數，但是遇到整數與浮點數的狀況就會出現錯誤。

In [42]:
```
add(5.0, 8.0)
```
Out[42]:
13.0

In [43]:
```
add(1//2, 1//3)
```
Out[43]:
5//6

In [44]:
```
add(1+2im, 3+4im)
```
Out[44]:
4 + 6im

以上可以看到我們設計的參數化方法不只可以用在整數，連同浮點數、有理數及複數都可以適用。如此一來，只要設計一種方法就可以用在很多情境中。

　　我們來看個聰明的設計，讓多重分派替你回答問題。我們如果想判斷兩個型別是否為同一型別，我們可以有一個函式 same_type，這時候我們可以宣告兩個方法分別是以下這樣：

In [45]:
```
fsame_type(x::T, y::T) where {T} = true
same_type(x, y) = false
```
Out[45]:
same_type (generic function with 2 methods)

　　在參數化方法中，如同一般宣告函式的方法，但是需要加上會變動的型別 T，x::T, y::T 則是表示 x 跟 y 兩者的型別都要是 T。接著，需要在函式的小括弧後列出你所使用的參數 where {T}，在這邊 T 不加以限制。same_type(x::T, y::T) where {T} = true 的意思是當 x 跟 y 兩者的型別都要是 T 的時候，那就回傳 true。

　　same_type(x, y) = false 則是不加以限制 x 跟 y 兩者的型別，所以如果不滿足第一個函式條件的就會落到這個函式來執行。如此一來，當不滿足以上條件時，就回傳 false。

　　我們來試試看！

In [46]:
```
same_type(1, 2)  # 兩者型別相同
```
Out[46]:
true

In [47]:
```
same_type(1, 2.0)  # 兩者型別不同
```
Out[47]:
false

　　這樣的設計是不是極具巧思呢？這樣的設計善加利用了多重分派的特

性，加上參數化方法的威力，讓整個方法設計可以更簡潔！透過這樣的方式化成機器碼也會非常的簡潔，編譯器處理的速度也得到提升。我們再來看些例子：

▶ 範例：在陣列中加上元素

當如果我們需要在陣列中加上元素時，我們希望這個元素的型別可以跟陣列中既有的元素型別一致，這時候我們可以定義一個函式 addone。

In [48]:
```
addone(v::Vector{T}, x::T) where {T} = [v..., x]
```
Out[48]:
addone (generic function with 1 method)

向量 Vector{T} 其實等同於一維陣列 Array{T, 1}。v::Vector{T}, x::T 代表著向量 v 中的元素型別跟要 x 的型別是一致的。當做完這些檢查後，我們就可以將元素重組成新的向量回傳，[v..., x] 當中的 ... 代表著將 v 中的元素做展開，並且依序排列，最後一個元素則是 x。我們來看看效果如何：

In [49]:
```
addone([1, 2, 3], 4)
```
Out[49]:
4-element Array{Int64,1}:
 1
 2
 3
 4

成功地加上最後一個元素在向量的最後！

In [50]:
```
 addone([1, 2, 3], 4.0)
```
MethodError: no method matching addone(::Array{Int64,1}, ::Float64)
Closest candidates are:
 addone(::Array{T,1}, !Matched::T) where T at In[48]:1

Stacktrace:
 [1] top-level scope at In[50]:1

　　也成功地擋下了不合格的型別！

▶ 加上限制

　　我們可以藉由加上一些型別的限制來區分不同的行為。像是我們可以限制參數型別：

In [51]:

```
foobar(a, b, x::T) where {T <: Integer} = (a, b, x)
```

Out[51]:
foobar (generic function with 1 method)

　　foobar 這個函式只接受三個參數，這三個參數是有條件的（(a, b, x::T)），最後一個參數必須要是個整數型別（T <: Integer），前兩個參數則沒有型別上的限制，最後，這個函式回傳 (a, b, x) 這樣的一個數組。

In [52]:

```
foobar(1, 2, 3)
```

Out[52]:
(1, 2, 3)

In [53]:

```
 foobar(1, 2.0, 3)
```

Out[53]:
(1, 2.0, 3)

In [54]:

```
 foobar(1, 2.0, 3.0)
```

MethodError: no method matching foobar(::Int64, ::Float64, ::Float64)
Closest candidates are:
 foobar(::Any, ::Any, !Matched::T<:Integer) where T<:Integer at In[51]:1

Stacktrace:
 [1] top-level scope at In[54]:1

以上我們可以看到，當最後一個參數不為整數型別的時候就會產生錯誤。

▶ 使用參數化方法的設計方式

我們可以藉由限制型別來達成我們的目的。

In [55]:

```
abstract type Animal end
abstract type Dog <: Animal end
abstract type Cat <: Animal end

struct Labrador <: Dog

end

struct GoldenRetriever <: Dog

end
```

這邊假設了三個抽象型別 Animal、Dog、Cat，其中 Dog、Cat 這兩個型別都是 Animal 的子型別。我們可以再將定義具體型別 Labrador、GoldenRetriever 來分別代表拉不拉多及黃金獵犬，當然它們兩者都是一種狗，所以都是 Dog 的子型別。

子型別

例如我們想要判別這個物件是不是一種動物，如果是一種動物，那麼一定要是 Animal 的子型別，所以我們可以定義一個 isanimal，如果它是 Animal 的子型別，那麼就會回傳 true，否則則會回傳 false。

In [56]:

```
isanimal(::T) where {T <: Animal} = true
isanimal(x) = false
```

Out[56]:
isanimal (generic function with 2 methods)

讓我們聚焦在第一條定義，where {T <: Animal} 會去檢查它是不是 Animal 的子型別，如果符合才會執行這個方法。你可能會注意到在參數（::T）當中，我們並沒有寫參數名稱，這在 Julia 是合法的，當方法的運算不需要用到參數的值，只需要參數型別，那麼就可以省略參數名稱不寫。

In [57]:

```
l = Labrador()
isanimal(l)
```

Out[57]:
true

In [58]:

```
 isanimal(1)
```

Out[58]:
false

我們可以從上面的範例看到，Labrador() 是一種動物，而 1 不是。

父型別

可以檢查某物件是不是某個型別的子型別，當然我們也可以檢查某個物件是不是某個型別的父型別。不過要檢查父型別不需要用到參數化方法，我們只需要 >: 運算子。

In [59]:

```
x = Animal
x >: Labrador
```

Out[59]:
true

x >: Labrador 會去檢查它是不是 Labrador 的父型別，如果符合才會執行這個方法。你會發現到 >: 運算子，這個運算子會判斷左邊的運算元是否為右邊運算元的父型別，與 <: 的方向剛好相反。與以下表達式是等價的：

In [60]:

```
Labrador <: x
```

Out[60]:
True

相等型別

我們前面有示範過相等型別，也就是要求參數當中的某些型別要相等，可以參考先前的範例。

```
same_type(x::T, y::T) where {T} = true
addone(v::Vector{T}, x::T) where {T} = [v..., x]
```

萃取型別

如果我們需要知道一個容器當中元素的型別，我們可以利用參數化方法的方式來幫我們萃取出型別。

In [61]:

```
struct Container{T}
    x::T
end

eltype(::Container{T}) where {T} = T
```

Out[61]:
eltype (generic function with 1 method)

我們可以設計 eltype 函式，它接受 Container{T} 型別的物件，並且會回傳參數型別 T。

In [62]:

```
c = Container(5)
```

Out[62]:
Container{Int64}(5)

In [63]:

```
eltype(c)
```

Out[63]:
Int64

　　這麼一來，我們就可以取得一個容器的型別，或是我們可以取得出現在函式的參數中的資訊。

PART

4

串流與檔案

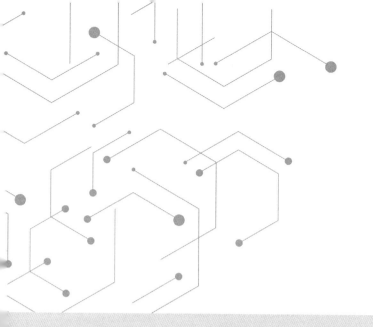

檔案讀寫

1. 基本序列化觀念

　　在程式當中的變數或是陣列中的資料是暫時性的。在程式的執行當中，這些資料會被儲存在電腦的記憶體當中。在程式結束後或是一些區域變數離開其作用域，這些資料就會被消滅。要長期保存這些資料，電腦會利用**檔案（file）**的形式記錄下來。在我們的生活中，我們都會用檔案將文件或是試算表等等形式的資料保存下來，電腦則會將這些檔案儲存在**輔助性儲存裝置 (secondary storage device)** 中，例如硬碟、光碟、快閃記憶體等等。儲存在檔案中的資料我們稱為**永久性資料 (persistent data)**，在程式執行完畢後，資料仍然會保存下來。

　　序列化 (serialization) 是電腦在資料處理中，將數值、資料結構或物件狀態轉換成可存取的格式，例如儲存成檔案，存於緩衝區，或是經由網路傳送，後續可以在相同或另一台電腦中恢復原先狀態的過程。如果要將序列化格式重新組成位元組的結果時，可以利用它來產生與原先資料內容相同的副本。從位元組解析成資料結構的反向操作，是解序列化。

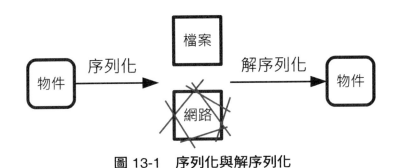

圖 13-1　**序列化與解序列化**

2. 串流

　　程式如果要將資料序列化後進入**串流（streaming）**，會需要與作業系統溝通。作業系統提供了三種不同的串流介面：**標準輸出 (STDOUT)**、**標準輸入 (STDIN)** 及**標準錯誤 (STDERR)**。標準輸出及標準錯誤一般會將訊息輸出於螢幕上，如果是在類 UNIX 系統上就會將訊息顯示在**終端機 (console、terminal)** 上，如果是在 Windows 系統上則會顯示在命令提示字元上。標準輸入一般是接收由鍵盤鍵入的資訊。

　　Julia 有相對應的全域變數可以對應不同的介面：標準輸出可以使用 stdout，標準輸入是 stdin，以及標準錯誤則可以用 stderr。這三個串流都可以被重新導向。標準輸入可以重新導向，從各種的串流來源讀入位元組。標準輸出與標準錯誤可以被重新導向，讓程式可以輸出位元組到不同的地方，像是磁碟上的檔案。可以利用 redirect_stdout、redirect_stdin、redirect_stderr 三個方法來**重新導向 (redirect)** 標準輸出、標準輸入及標準錯誤。

▶ **操作標準輸出**

　　Julia 提供了對於標準輸出的支援，我們可以來試試看使用標準輸出將資料顯示在螢幕上。

In [1]:
```
write(stdout, "hello!")
```
hello!
Out[1]:
6

　　write 這個函式提供了一個介面，讓你可以將字串 "hello" 通過標準輸出 stdout 輸出在螢幕上。在 write 的方法中，第一個參數通常都是要寫入的目的地，第二個參數是要寫入的內容，並且回傳輸出的內容長度。

▶ **操作標準輸入**

　　我們可以用標準輸入 stdin 來讀取使用者鍵入的訊息。你需要以 Julia 的互動終端介面來執行以下操作。

```
read(stdin, Char)
```

　　我們可以用 read 來讀取 stdin 的資訊，第一個參數為讀取的目的地，第二個參數為期望取得的資料型別，讀取成功便會回傳相對應的值。

　　如果你已經預備了容器來存放從標準輸入來的值，我們可以這樣做：

In [2]:

```
x = zeros(UInt8, 4)
```

Out[2]:
4-element Array{UInt8,1}:
 0x00
 0x00
 0x00
 0x00

　　我們建立了一個陣列 x，其中有 4 個元素，每個元素都是 UInt8 型別。我們希望將讀取進來的值一一放到陣列中。

```
read!(stdin, x)
```

　　這時候可以嘗試鍵入四個英文字母，按下 Enter 後，你會發現 x 中被填上了不同的值。read! 函式可以將一個輸入來源的資料讀到一個資料結構中，第一個參數是輸入來源，第二個參數則是存放的資料結構。

　　如果這樣的操作對你來說太過麻煩，也可以直接使用：

```
read(stdin, 4)
```

　　這段程式碼的意思是會直接從 stdin 讀入 4 個字元，並且回傳陣列。

　　也有辦法讀一行文字，readline 允許你讀入一段文字。

In [3]:

```
readline(stdin)
```

Out[3]:
"123abc"

　　這邊是直接從 stdin 讀入一段文字，讀入的文字長度是直到使用者按下 Enter 鍵為止，最後它會回傳整段文字的字串。

▶ 串流的資料單位

　　串流的資料內容會是以位元組或是字元為單位來進行的。以位元組（byte）為單位的串流，會以二進制的格式來輸入輸出資料，而以字元為單位的串流，則會以連續的字元來輸入輸出資料。例如 7 這個數字是以位元組為單位序列化，會成為二進制的格式，也就是 111，進入串流。如果是字元「7」則會以字元為單位序列化，它相對應的二進制格式則是00110111 00000000 00000000 00000000 （這是數值 55 的 Unicode 表示法）。使用位元組串流所建立的檔案稱為二進制檔，使用字元串流建立的檔案稱為文字檔。文字檔可以藉由文字編輯器進行編輯，而二進制檔需要由了解其檔案內容順序的程式來存取。

3. 文字檔的讀寫

　　對於程式的運作來說，讀寫文字檔是很重要的基礎操作。我們很多時候會需要將資料儲存於硬碟中，這時候我們就需要將資料序列化，並寫入檔案中。我們也會需要從檔案中讀取資料以進行運算。我們可以做個示範，在你執行 jupyter notebook 或是 .jl 的資料夾下創建一個檔案，檔名是 test.txt，檔案中用記事本寫入 hello! 並存檔，我們接下來就要來嘗試將當中的字串讀到程式當中。

▶ 開檔及讀檔

　　要進行檔案的讀寫之前，需要先做開檔的動作：

In [4]:
```
file = open("test.txt", "r")
```
Out[4]:
```
IOStream(<file test.txt>)
```

　　open 這個函式是可以用來開啟檔案以接續讀寫動作，第一個參數是檔案名稱或是檔案的位置，第二個參數為開啟檔案的模式，"r" 則代表開啟檔案為讀取模式，接著它會回傳檔案的物件，我們把它指定給 file 變數。
這時候我們就可以來讀檔了。

```
In [5]:
text = read(file)
Out[5]:
45-element Array{UInt8,1}:
 0x31
 0x20
 0x68
 0x65
 0x6c
 0x6c
 0x6f
 0x21
 0x0a
 0x32
 0x20
 0x68
 0x65

 0x6f
 0x21
 0x0a
 0x35
 0x20
 0x68
 0x65
 0x6c
 0x6c
 0x6f
 0x21
 0x0a
```

　　我們一樣可以用 read 函式來幫我們從檔案中讀取資料出來，讀出來
的資料被指定給 text 變數。

In [6]:
```
close(file)
```

　　最後，讀取完畢的檔案要進行關檔的動作，需要呼叫 close 函式來進行關檔，這樣才不會造成後續的問題。

　　什麼？你說讀到的資料跟你輸入的不一樣？我們可能需要一些轉換：

In [7]:
```
String(text)
```
Out[7]:
"1 hello!\n2 hello!\n3 hello!\n4 hello!\n5 hello!\n"

　　我們將讀取到的資料轉換成字串的形式，這樣是不是就跟你儲存在檔案中的字串一樣了呢？

　　我們其實可以在讀檔的時候指定讀取的形式，我們可以再讀一次：

In [8]:
```
file = open("test.txt")
text = read(file, String)
close(file)
```

In [9]:
```
text
```
Out[9]:
"1 hello!\n2 hello!\n3 hello!\n4 hello!\n5 hello!\n"

　　這次我們省略了開檔時的模式，如果省略了模式的指定的話，預設會是讀取模式。這次我們在 read 函式中給了第二個參數，指定讀取的資料形式，如此，我們就可以看到讀到的資料結果為一個字串。

▶ do 區塊

　　有開檔的動作就一定要有關檔，但程式設計師有時候會忘記關檔的動作導致一些程式不可預期的結果，有個簡便的語法可以避免這樣的情形。上面的開關檔程式碼可以用以下程式碼取代：

```
open("test.txt") do file
    text = read(file, String)
end
```

　　我們可以用一個 do ... end 的區塊將開關檔的程序包裹起來，當程式執行完這樣的程式區塊變會自動關檔。第一行的 open("test.txt") do file 跟 file = open("test.txt") 有相同的意思，也就是開檔並把檔案的物件指定給 file，所以我們就可以在區塊中使用 file 了。

　　你可以在檔案中多加入幾行資料，我們可以來嘗試讀取多行資料。筆者將檔案修改為以下內容：

1 hello!

2 hello!

3 hello!

4 hello!

5 hello!

In [10]:

```
open("test.txt") do file
    text = readline(file)
end
```

Out[10]:
"1 hello!"

▶ 單行讀取 readline

　　readline 函式一次只讀取一行文字，大家可能會發現字串最後的換行符號不見了，這是因為 readline 函式會將每行文字最後的換行符號刪去。不過在這段程式碼當中並沒有將所有資料讀完，我們可以試著讀很多次：

In [11]:

```
open("test.txt") do file
  text = readline(file)
  println(text)
  text = readline(file)
  println(text)
  text = readline(file)
  println(text)
  text = readline(file)
  println(text)
  text = readline(file)
  println(text)
end
```

1 hello!
2 hello!
3 hello!
4 hello!
5 hello!

▶ EOF

　　這樣的重複讀取及印出的動作太繁複了！有沒有更好的方法可以讀完整個檔案呢？我們可以去檢查 file 是否已經到了**檔案的結尾（end-of-file, EOF）**了，利用 eof 函式可以告訴我們是否已經到了檔案的結尾。

In [12]:

```
open("test.txt") do file
  while !eof(file)
    text = readline(file)
    println(text)
  end
end
```

1 hello!
2 hello!
3 hello!
4 hello!
5 hello!

　　eof 函式接受一個開啟的檔案物件作為參數，當檔案還尚未到達結尾時，它會回傳 false，反之則是 true。eof 是 end-of-file 的縮寫，我們可以這樣搭配 while 迴圈來使用。

　　另外，我們有 eachline 函式可以搭配 for 迴圈，不斷的將檔案中的每一行讀進來：

▶ 另一種單行讀取 eachline

In [13]:

```
open("test.txt") do file
  for line in eachline(file)
    println(line)
  end
end
```

```
1 hello!
2 hello!
3 hello!
4 hello!
5 hello!
```

　　eachline 會一次從檔案中讀取一行，並將它傳遞出來。如果想要一次將檔案中的所有資料一次讀取出來，可以使用 readlines，它會建立一個陣列並將每一行都當成元素放在其中。

▶ 寫檔

　　接下來，我們來看看如何寫檔。在開檔的時候需要注意開檔模式，在寫檔的方面有兩種開檔模式可以選擇：「w」（write，寫入）會在指定的檔名或是檔案位置開啟檔案，如果原本檔案存在的話，就會 被清除並重新寫入，如果原本沒有檔案的話，就會創建一個新的檔案。「a」（append，串接）則是會在指定的檔名或是檔案位置開啟檔案，並會將寫入的檔案串接 到檔案的尾端，如果原本沒有檔案的話，就會新增一個新的檔案。

　　我們先來試試看「a」模式：

In [14]:
```
open("test.txt", "a") do file
    write(file, "6 hello!")
end
```

Out[14]:
8
1 hello!
2 hello!
3 hello!
4 hello!
5 hello!
6 hello!

你會看到串接後的樣子。接下來我們試試看 "w" 模式：

In [16]:
```
open("test.txt", "w") do file
    write(file, "6 hello!")
end
```

Out[16]:
8

你可以用筆記本打開檔案看看是不是只剩下我們寫入的部分而已呢？

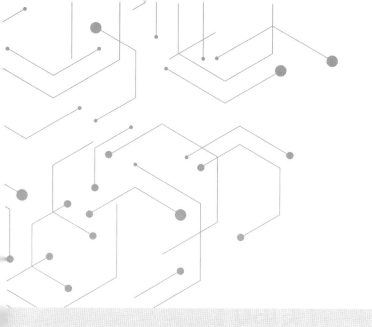

網路程式設計

1. 基本網路概念

網路是現代人最頻繁使用的工具之一，我們知道可以藉由網路傳遞資料，你可以藉由網路將你手上的資料傳遞給其他人，例如：YouTuber 可以將自己精心製作的影片上傳到 YouTube 進行發布，或是你可以建立自己的網站，網站上放你所提供的內容，甚至是你運用網路將檔案上傳到雲端儲存平台。

現在絕大多數的網路服務都是利用程式設計的方式撰寫的。我們會把網路服務視為一種軟體，只是這種軟體會藉由網路來作為溝通的管道。接下來我們要介紹如何用 Julia 寫一個簡單的網路程式。

2. 客戶端 - 伺服端架構

現今非常多的網路程式都會採用**客戶端 - 伺服端架構（client-server architecture）**，本書會介紹非常簡單的客戶端 - 伺服端架構來實作網路程式。

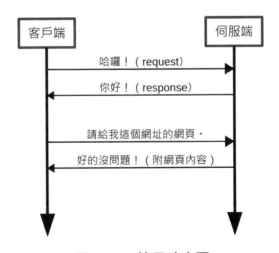

圖 14-1　簡易時序圖

　　圖 14-1 就是一個非常簡單的客戶端 - 伺服端架構的**時序圖（sequence diagram）**，在其中有兩個角色一個是客戶端，另一個是伺服端。長長的往下指的箭頭是時間軸。我們可以看到隨著時間兩方溝通的情形。首先，客戶端會先對伺服端丟出一個打招呼的訊息，接著，伺服端會回應客戶端一個歡迎訊息。通常我們會把客戶端對伺服端發出的訊息稱為**要求（request）**，而伺服端對客戶端發出的訊息稱為**回應（response）**。當伺服端接受客戶端來的訊息，這樣的網路連線就成立了。當網路連線成立後，伺服端就會開始接收並回應從客戶端來的要求，網路連線會依循這樣的模式直到網路連線中止為止。

3.Socket

　　如果要建立網路連線，我們會使用 socket。 Socket 是作業系統提供的一組**應用程式介面（application programming interface, API）**，你可以使用這組 API 來撰寫你的網路程式。

小叮嚀

　　應用程式介面（application programming interface, API）是由作業系統或是函式庫提供的一個程式介面，這個介面會提供一些功能，讓程式設計師可以使用這些功能來撰寫程式，像是在 Julia 語言中，所有你可以呼叫的函式或是使用的型別都屬於語言所提供的 API。

　　首先，我們需要來建立一個伺服端的程式，這個程式需要用到 Sockets 模組，一個簡單的伺服端程式會像以下這樣，請大家額外開一個 Julia 終端機，並執行以下的程式：

```
## server ##
using Sockets
@async begin
    server = listen(2000)
```

```
    while true
      sock = accept(server)
      println("Hello World\n")
    end
  end
```

　　我們來解說一下這個程式片段的組成，首先最外層有一個 @async begin … end 的部分，這個部分是讓伺服端程式可以以 **非同步（asynchronous）** 的方式進行。接著我們需要用 listen 函式，它會幫我們建立一個 socket 的物件，並且會在本機 IP 127.0.0.1 的 2000 port 上建立一個連線。listen 函式會持續監聽這個 IP 位址及 port，看看是否有人來連線。

小叮嚀

　　非同步（asynchronous）：一般來說，我們程式的執行方式是屬於同步執行的，也就是需要等前一個指令執行完，才能執行下一個指令。非同步的執行方式卻可以在前一個指令尚未執行完成前執行下一個指令，通常會用在 I/O（Input/output）及網路的場景。

　　一般來說，127.0.0.1 這個 IP 位址指的是本機端，而一個 IP 位址下有 65536 個埠號（port）可以使用，使用者最好使用 1024–49151 這個範圍的 port，使用 0-1023 的 port 常常會與系統相衝突或是被占據。

　　我們可以看到它進入了一個 while 的無限迴圈內，基本上，一個伺服端我們不希望它只服務一個使用者就結束程式，所以我們必須把它放在一個無限迴圈中，直到我們把它關掉為止。一旦有人來連線，伺服端會接受這個連線，這時候需要呼叫 accept 函式來接受對方的連線，接著，就會回傳一個 socket 物件 sock。當伺服端接受連線後，我們暫且什麼都不回應，我們先在終端上印出 Hello World 的字樣。

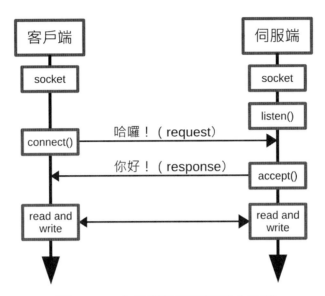

圖 14-2　客戶端與伺服端雙方連線

　　圖 14-2 展示了雙方連線的示意圖，我們剛剛說明了伺服端的程式行為，接下來，我們來看看客戶端需要做什麼。客戶端需要在伺服端是監聽狀態的時候才能進行連線。客戶端連線需要使用 connect 函式來對伺服端進行連線，如果連線成功，客戶端會接收到伺服端來的接受連線，然後我們就可以傳輸任何我們想傳輸的資料啦！

　　我們來實際測試看看！

In [1]:
```
using Sockets
```

In [2]:
```
client = connect(2000)
```
Out[2]:
TCPSocket(RawFD(0x00000034) open, 0 bytes waiting)

　　在 connect 函式中，沒有寫 IP 位址就預設是本機位址，這邊我們連接的是 port 2000。如果有連線成功，你會看到伺服端那邊印出相對應的字樣。你成功了嗎？

如果不需要用到連線，記得一定要關閉連線喔！

In [3]:

```
close(client)
```

在 listen 及 connect 函式，有支援不同的寫法。如果你直接寫 port，像是 listen(2000)，會在本機 IP（IPv4）上開啟 port 2000 進行監聽或是連線。你也可以寫上你想連線或是監聽的 IP 位址，像是 listen (ip"127.0.0.1", 2000)。如果你想開啟 IPv6 的本機 IP 的話，可以寫成 listen (ip"::1",2000)。

接下來，我們來把伺服端改成一個 echo server。echo server 是一種只會回覆與客戶端傳來的資料相同的伺服器。不過我們這邊多做了一點小變化，我們在客戶端傳來的訊息上多加了一些字串，讓它看起來不會這麼無聊。我們的伺服端程式就會修改成以下的樣子：

```
## server ##
using Sockets
@async begin
  server = listen(2001)
  while true
    sock = accept(server)
    @async while isopen(sock)
      data = readline(sock) * " from echo server.\n"
      write(sock, data)
    end
  end
end
```

我將開啟的 port 改為 2001。這次我們在接受連線之後，會去檢查 sock 是否是開啟的狀態（isopen(sock)）。確定為開啟狀態後，便會用 readline 來讀取 sock 中傳來的資料。

這時候有人可能會有疑問，readline 不是用來讀取檔案的嗎？其實在 Julia 中，讀寫檔案的函式也可以用來讀寫網路的 socket 程式喔！很棒吧！讀取完後，我們在資料的尾端串上一些字串。最後，我們將這樣的 data 用 wrtie 函式寫回 sock 當中，這樣就算是完成了將資料回傳的動作了喔！

我們來開啟客戶端程式實驗看看！

In [4]:
```
client = connect(2001)
```
Out[4]:
TCPSocket(RawFD(0x00000034) open, 0 bytes waiting)

In [5]:
```
write(client, "Hello World\n")
```
Out[5]:
12

這邊需要注意的是，我們在客戶端傳送訊息時，訊息的尾端需要含有 \n。因為伺服端使用 readline 作為讀取的方式，它會辨認訊息的尾端是否含有 \n，要包含 \n，伺服端才會認為這是一個完整的訊息並且讀取進來，如果沒有 \n，伺服端就會痴痴地等待客戶端傳送 \n 過來喔！當然你也可以用 println(client, "Hello World") 來自動在尾端加入 \n，免去一些困擾。

在我們送出訊息給伺服端之後，我們就可以開始接收訊息啦！這時候我們一樣用 readline 函式來接收伺服端的訊息。

In [6]:
```
readline(client)
```
Out[6]:
"Hello World from echo server."

In [7]:
```
close(client)
```

大家有沒有接收到正確的回覆了呢？

4. 範例：檔案傳輸

我們其實是可以用這樣的方法來傳輸檔案的，雖然我們目前仍舊是在本機上測試，不過我們還是可以來寫一個簡單的檔案傳輸程式。

```julia
## server ##
using Sockets

@async begin
    server = listen(2002)
    while true
        sock = accept(server)
        open("target.txt", "w") do file
            while isopen(sock)
                println(file, readline(sock))
            end
        end
    end
end
```

In [8]:
```julia
client = connect(2002)
open("test.txt") do file
    while !eof(file)
        println(client, readline(file))
    end
end
close(client)
```

以上是以比較直觀的方式來撰寫一個簡單的檔案傳輸程式，當然這不是最有效率的，不過可以協助讀者了解檔案傳輸的機制。

檔案與目錄管理

我們很多時候會需要處理除了程式運算以外的事情，例如：在資料夾之間移動檔案。像這類動作不依賴程式其實也可以輕鬆達成，但是自動化地處理檔案移動或是建立路徑等等動作，卻可以為我們節省大量的時間。

1. 操作資料夾位置

要操作資料夾位置之前，我們需要先知道目前我們是在哪個路徑下，我們可以透過 pwd 來得知目前的路徑位置，pwd 為 present working directory 的縮寫：

In [2]:
```
pwd()
```
Out[2]:
"/home/pika"

我們可以發現現在筆者在 /home/pika 路徑下，若是在 Windows 作業系統的話，可能會是 C:/Users/pika。接著，我們可以試著移動我們目前的位置到新的路徑下：

In [3]:
```
cd("notebook")
```

在筆者的路徑下有一個 notebook 資料夾，我們可以用上面的指令進行移動，cd 為 change directory 縮寫。

In [4]:
```
cd("/home/pika/notebook")
```

或是撰寫完的絕對路徑也有相同的效果。

2. 檔案的操作

如果要複製檔案、資料夾或是捷徑，可以使用 cp，是 copy 的縮寫。

In [5]:
```
cp("/home/pika/notebook/123.txt", "/home/pika/456.txt")
```
Out[5]:
"/home/pika/456.txt"

cp 的第一個參數要給欲複製的檔案來源路徑，第二個參數則是要複製檔案的目的路徑。執行完之後，可以檢查看看是否已經完成複製了呢？

接著是移動檔案、資料夾或是捷徑，可以用 mv，是 move 的縮寫。

In [6]:
```
mv("/home/pika/notebook/123.txt", "/home/pika/123.txt")
```
Out[6]:
"/home/pika/123.txt"

如同以上的指令，第一個參數要給檔案來源路徑，第二個參數則是檔案的目的路徑。除了移動檔案以外，它還可以被拿來作為重新命名的用途喔！

In [7]:
```
mv("/home/pika/123.txt", "/home/pika/369.txt")
```
Out[7]:
"/home/pika/369.txt"

是不是簡單又方便呢？如果要刪除檔案的話可以使用 rm，是 remove 的縮寫。

In [8]:
```
rm("/home/pika/369.txt")
```

rm 只需要一個參數，那就是要刪除的檔案路徑。

如果要建立新的檔案的話可以用 touch，它會幫你建立一個空的檔案，它只需要一個參數，就是想建立的檔案路徑。

In [9]:
```
touch("/home/pika/123.txt")
```
Out[9]:
"/home/pika/123.txt"

如果我們想確認，一個路徑它是不是個存在的檔案，那可以用 isfile。

In [10]:
```
isfile("/home/pika/123.txt")
```
Out[10]:
true

如此一來，我們就可以知道某路徑是否為一個實際存在的檔案了！

3. 操作資料夾

除了操作檔案以外，我們還會想要操作資料夾或是目錄，以及捷徑。mkdir 可以幫我們建立一個新的資料夾，它是 make directory 的縮寫。

In [12]:
```
mkdir("/home/pika/julia")
```
Out[12]:
"/home/pika/julia"

mkdir 需要新的資料夾的路徑作為參數，它也可以接受相對路徑喔！但是要注意的是，它只能幫你建立一個資料夾，如果你需要建立一系列巢狀的資料夾的話，可以使用 mkpath，這是 make path 的縮寫。

In [13]:
```
mkpath("/home/pika/julia/a/b/c/d")
```
Out[13]:
"/home/pika/julia/a/b/c/d"

這樣是不是很方便呢？相對應的是，如果要刪除資料夾可以使用 rm，但是資料夾必須為空才行。

你也可以確認一個路徑是不是一個資料夾，這時候我們使用 isdir 來幫我們檢查。

In [14]:
```
isdir("/home/pika/julia/a/b/c/d")
```
Out[14]:
true

4. 操作捷徑

捷徑本身就是一種檔案，你可以像操作檔案一樣的方式來操作它，但不同的是捷徑的建立，我們用 symlink 來建立捷徑。

In [15]:
```
symlink("/home/pika/123.txt", "/home/pika/julia/a/b/c/d/123.txt")
```

在這邊的操作邏輯上跟先前的非常相似，第一個參數是欲建立捷徑的來源路徑，而第二個參數則是捷徑要放置的目標路徑。

如果想要知道一個捷徑是連結到哪一個檔案，可以使用 readlink，它只需要一個參數，就是想查詢的捷徑的路徑。

In [16]:
```
readlink("/home/pika/julia/a/b/c/d/123.txt")
```
Out[16]:
"/home/pika/123.txt"

我們仍然可以檢查一個檔案是否為一個捷徑，使用 islink。

In [17]:
```
islink("/home/pika/julia/a/b/c/d/123.txt")
```
Out[17]:
true

5. 操作路徑

　　路徑是一系列由資料夾跟檔案組成的字串，它是在檔案系統上表示檔案位置的表示法。我們可以藉由修改路徑來達成我們想要的效果。路徑分為絕對路徑及相對路徑，像是前面描述到的所有路徑都是絕對路徑，相對路徑像是 ../notebook/，.. 的意思是目前路徑的上一層，所以 ../notebook/ 的意思是在上一層的路徑下有個 notebook 的資料夾。順帶一提，. 則是表示目前的路徑下。

　　ispath 可以幫你檢查一個路徑是否為在系統上存在的路徑。

In [18]:
```
ispath("/home/abc")
```
Out[18]:
false

　　isabspath 可以用來檢查一個路徑是否為一個絕對路徑，如果不是的話，它就是相對路徑。

In [19]:
```
isabspath("/home/abc")
```
Out[19]:
true

　　isdirpath 可以用來檢查一個路徑下是否為一個資料夾，是資料夾的話，應該路徑要以 / 結尾。

In [20]:
```
isdirpath("/home/abc")
```
Out[20]:
false

In [21]:
```
isdirpath("/home/abc/")
```
Out[21]:
true

dirname 可以用來取得一個路徑的目錄的部分。

In [22]:
```
dirname("/home/abc/123.txt")
```
Out[22]:
```
"/home/abc"
```

相對的是，如果想要取得一個路徑下的檔案名稱的話，可以用 basename。

In [23]:
```
basename("/home/abc/123.txt")
```
Out[23]:
```
"123.txt"
```

如果是一個相對路徑，想要取得它的絕對路徑的話有幾個方法。一個是 abspath，它會將目前的路徑補上，並且藉由 normpath 來將 . 及 .. 移除。

In [24]:
```
abspath("../notebook/abc/./")
```
Out[24]:
```
"/home/pika/notebook/abc/"
```

normpath 只會將一個路徑上的 . 及 .. 移除，並不會補上目前的路徑喔！

In [25]:
```
normpath("../notebook/abc/./")
```
Out[25]:
```
"../notebook/abc/"
```

如果有捷徑要展開的話，請使用 realpath，它會幫你移除路徑上的 . 及 ..，並且將捷徑所指向的位置展開。

In [26]:

```
realpath("/media/pika/Workbench/workspace/julia-materials")
```

Out[26]:

```
"/home/pika/Google Drive/Sync/julia-materials"
```

　　相反的，如果你想知道一個路徑的相對路徑的話，relpath 會幫你從目前的目錄出發來計算相對路徑，不過它並不會幫你確認這個路徑是否存在喔！

In [27]:

```
relpath("/home/notebook/abc/")
```

Out[27]:

```
"../../notebook/abc"
```

　　有了以上這些資訊，我們就可以進一步將路徑做加工，如此一來，就可以做到任意想做的效果了。如果有多個資料夾要串接成一個路徑的話，可以使用 joinpath，它會自動幫你加上相對應系統的符號。

In [28]:

```
joinpath("abc", "def", "ghi")
```

Out[28]:

```
"abc/def/ghi"
```

　　我們可以將一個路徑拆解成不同的部分。splitdir 可以將路徑拆解成檔案所在的資料夾路徑及檔名本身，並且回傳一個數組。

In [29]:

```
splitdir("/home/abc/123.txt")
```

Out[29]:

```
("/home/abc", "123.txt")
```

　　在 Windows 作業系統上，如果想取得路徑的磁碟代號的話，可以用 splitdrive。如果是在類 Unix 系統下，則會得到一個空字串喔！

　　splitext 可以拆解副檔名，路徑會被拆解成前面的檔案部分但不含副檔名的路徑，以及副檔名本身，會回傳一個數組。

In [30]:

```
splitext("/home/abc/123.txt")
```

Out[30]:
("/home/abc/123", ".txt")

6. 遍歷資料夾

有時候我們希望取得資料夾下的所有檔案名稱，或是將資料夾下的檔案都讀過一遍，這時候可以使用 readdir，它可以幫你取得資料夾下的所有檔案名稱。

In [32]:

```
readdir("/home/pika/julia")
```

Out[32]:
4-element Array{String,1}:
 "a"
 "b"
 "c"
 "d"

walkdir 則是可以搭配 for 迴圈來使用，它會遞迴地一層一層將資料夾展開，並且回傳一個數組，第一個元素是展開的路徑，第二個元素是這個路徑下的所有資料夾，第三個元素是這個路徑下的所有檔案。

In [33]:

```
for (p, dirs, files) in walkdir("/home/pika/julia")
    println("Directories in ", p)
    for dir in dirs
        println(dir)
    end
    println("Files in ", p)
    for file in files
        println(file)
    end
end
```

Directories in /home/pika/julia

```
a
b
c
d
Files in /home/pika/julia
Directories in /home/pika/julia/a
Files in /home/pika/julia/a
Directories in /home/pika/julia/b
Files in /home/pika/julia/b
Directories in /home/pika/julia/c
Files in /home/pika/julia/c
Directories in /home/pika/julia/d
Files in /home/pika/julia/d
```

7. 察看檔案的狀態與屬性

stat 則可以萃取檔案的狀態及屬性。

In [37]:
```
s = stat("/home/pika/julia/123.txt")
```
Out[37]:
StatStruct(mode=0o100644, size=0)

我們取得了檔案狀態的資訊之後，我們就可以察看不同的檔案資訊，像是創造檔案的時間 ctime，或是檔案大小 size（以 byte 為單位）。

In [38]:
```
s.ctime
```
Out[38]:
1.5381192837004743e9

In [39]:
```
s.size
```
Out[39]:
0

PART

5

程式設計
進階篇

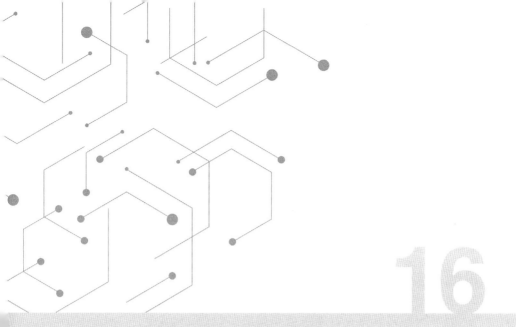

再論型別系統

　　型別系統是一個程式語言的核心。我們前面已經有介紹過了怎麼宣告一個型別、怎麼寫出好的方法，以及怎麼樣寫出好的建構子。接下來，我們就會更深一步介紹怎麼樣將這些方法整合在一起，怎麼樣架構一個好程式。

1. 如何架構一個好的程式？

　　一個好的程式其實不好寫，但是有許多軟體工程原則可以指引方向，我們在進到軟體工程原則之前需要有些暖身，不過本書並不會介紹軟體工程原則，那已經超出本書的範圍。在邁進進階之前，需要花很多時間實作以及思考何謂一個好的程式。一個好的程式架構應該是有足夠彈性的、可以輕易的添加新的功能，並且易於維護的。要滿足以上任何一個特點都需要花上不少時間思考及琢磨。我們先從程式語言的特性切入，一步步走向有足夠彈性的程式架構。

2. 多型

　　多型（polymorphism）是程式語言所提供的一個強力的武器，在物件導向風格裡常常被強調，它是讓子型別可以繼承父型別的方法，方法會依據不同的子型別有不同的行為。像是我們在方法的章節中提到的例子，drink 可以是人喝水或是狗喝水，同樣都是喝的動作，要讓人與狗都實作相同的介面，但是人喝水跟狗喝水的方式卻大大的不同，要如何提供相同的介面及不同的實作呢？

　　Julia 以多重分派的機制給出了答案，也就是直接以多重分派的機制支援多型。廣義來說，多型擁有更廣泛的意思：同樣的函式會依據不同型別而有不同行為，代表著多型不只是單單放在物件導向的繼承上，或是需要有父型別及子型別的關係。

若是依據維基百科的定義：

Polymorphism is the provision of a single interface to entities of different types.（多型為不同型別的實體提供了單一介面。）

說到底，多型就是為了要在同樣的介面上提供不同的實作。

所以我們可以說多重分派的機制完全實作了多型，然而型別的階層是為了表達一些抽象概念。

小叮嚀

給有物件導向程式語言經驗的人：在 Julia 的物件導向風格中，設計多型是最為重視的，只支援部分的繼承，但幾乎沒有封裝。與傳統的物件導向風格截然不同，傳統的物件導向風格重視封裝，並且有很強的繼承支援，但是多型可以控制的細緻程度卻很粗糙。也就是說，與傳統物件導向風格相比，Julia 更重視程式行為的設計，類別的設計跟封裝只需要加以組合即可。

3. 組合

組合（composition）的概念是指透過將一個型別加以組合可以成為另外一個型別。通常實作的方式就是以其他型別作為一個型別的欄位。如此一來，我們就可以組合不同的概念創造出更多不同的型別。我們來看看一個案例吧！

小叮嚀

　　軟體工程觀點：在傳統的物件導向方法當中，常常會使用繼承的概念。其實繼承本身有很強的假設，導致它看似非常強大，卻也帶來了不少困擾與副作用。在近代的方法當中常常以複合代替繼承（Composition over inheritance）。

4. 案例研究：角色扮演遊戲

　　假設我們今天想要實作的是一個角色扮演遊戲的角色系統，通常一個遊戲中有多種的角色，我們今天就實作劍士跟法師這兩種角色好了。一般來說，我們需要善加利用抽象型別來幫我們建立型別階層，這對於一個系統的抽象化很重要，有好的抽象化才會有好的、彈性的系統。

　　我們需要一個 Role 的 abstract type 來代表角色。接著是讓劍士 Swordsman 及法師 Wizard 兩個型別都成為 Role 的子型別，比較重要的是 Swordsman 及 Wizard 兩個型別需要是 mutable。這邊的能力數值是參考線上遊戲《RO 仙境傳說》的設定，並且設定了角色的能力初始值。

In [1]:

```
abstract type Role end

mutable struct Swordsman <: Role
    hp::Int64
    sp::Int64
    str::Int64
    vit::Int64
    agi::Int64
    int::Int64
    dex::Int64
    luk::Int64
    Swordsman() = new(1000, 200, 200, 200, 100, 50, 100, 50)
end
```

In [2]:

```
mutable struct Wizard <: Role
   hp::Int64
   sp::Int64
   str::Int64
   vit::Int64
   agi::Int64
   int::Int64
   dex::Int64
   luk::Int64
   Wizard() = new(500, 1000, 50, 50, 100, 200, 200, 100)
end
```

　　這邊角色的能力值幾乎是重疊的狀態，要如何避免程式碼的重複呢？我們可以用前面所提到的組合來達成。

In [1]:

```
mutable struct Ability
   hp::Int64
   sp::Int64
   str::Int64
   vit::Int64
   agi::Int64
   int::Int64
   dex::Int64
   luk::Int64
end
```

In [2]:

```
abstract type Role end

struct Swordsman <: Role
   ability::Ability
   Swordsman() = new(Ability(1000, 200, 200, 200, 100, 50, 100, 50))
end

struct Wizard <: Role
   ability::Ability
   Wizard() = new(Ability(500, 1000, 50, 50, 100, 200, 200, 100))
end
```

組合的意義就是讓其他的型別作為型別的欄位，來讓型別的欄位更為精簡。組合，相對繼承，沒有那麼強烈的假設，它並不會讓每個子型別都擁有跟父型別一樣的欄位，你可以自由組合你所想要的欄位。藉由組合，把能力值獨立提取出來成為一個型別，可以大大增加型別的靈活程度。最後，角色本身的型別就可以不必是可變更的，只要 Ability 是可變更的就可以了。

In [3]:

```
abstract type Role end

struct Swordsman <: Role
    ability::Ability
    Swordsman(hp, sp, str, vit, agi, int, dex, luk) = new(Ability(hp, sp, str, vit, agi, int, dex, luk))
end

Swordsman() = Swordsman(1000, 200, 200, 200, 100, 50, 100, 50)

struct Wizard <: Role
    ability::Ability
    Wizard(hp, sp, str, vit, agi, int, dex, luk) = new(Ability(hp, sp, str, vit, agi, int, dex, luk))
end

Wizard() = Wizard(500, 1000, 50, 50, 100, 200, 200, 100)
```

Out[3]:
Wizard

在建構子的方面，內部建構子需要提供使用者可以使用下最自由的建構方式，所以我們應該要提供所有數值都可以讓使用者自訂的空間，記得會使用型別的人大多是其他開發者或是你自己喔！我們可以額外提供一個外部建構子來提供一些預設值，如此一來，可以達到建構物件的便利性以及自由度。

In [4]:

```
attack!(a::Role, b::Role) = (b.ability.hp -= (0.8*a.ability.str - 0.6*b.ability.vit))
heal!(a::Role, hp::Integer) = (a.ability.hp += hp)
```

Out[4]:
heal! (generic function with 1 method)

　　我們建立好角色之後，接下來是角色之間的互動。例如我們可以讓一個角色去攻擊另外一個角色，這時候我們希望可以讓一個規則可以適用所有有定義的 Role，所以我們可以有 attack!(a::Role, b::Role) 這樣的方法，這時候就顯現出了抽象型別的好處了。我們也可以有補血 heal!(a::Role, hp::Integer) 的功能。

　　接下來就來實際建立角色測試看看。

In [5]:

```
sm = Swordsman()
```

Out[5]:
Swordsman(Ability(1000, 200, 200, 200, 100, 50, 100, 50))

In [6]:

```
wz = Wizard()
```

Out[6]:
Wizard(Ability(500, 1000, 50, 50, 100, 200, 200, 100))

In [7]:

```
attack!(sm, wz)
```

Out[7]:
370.0

In [8]:

```
wz
```

Out[8]:
Wizard(Ability(370, 1000, 50, 50, 100, 200, 200, 100))

　　這樣是不是就完成了簡單的角色系統了呢？

5. 實作介面方法

　　如果我們要撰寫的目標不是一個軟體，而是一些套件或是框架的話，你可能會允許使用者自訂一些功能。像是如果我們希望自訂一個集合容器，並讓它可以支援 for 迴圈的運作的話，在 Julia v1.0 之後有支援 iterate 函式。iterate 函式本身是一個沒有實作的空殼子，但是有已經實作了其他集合容器的方法，你可以藉由去實作它以得到 for 迴圈的支援。以下我們就來介紹這個功能，如果你想要實作的是一個費氏數列：

In [9]:

```
struct FibonacciIterable{I}
  s0::I
  s1::I
end
```

　　我們可以先實作一個 FibonacciIterable 的型別，大家把這類支援 iterate 函式的型別稱為 Iterable，與集合容器不同的是， Iterable 並不會將所有計算過的值都存下來。其中含有 s0 及 s1 兩個欄位，我們知道費氏數列是一個將前兩個數字相加會得到下一個數字的數列，所以我們只需要保留兩個數字就可以了。

In [10]:

```
import Base: iterate
iterate(iter::FibonacciIterable) = iter.s0, (iter.s0, iter.s1)
```

Out[10]:
iterate (generic function with 198 methods)

　　在我們撰寫 iterate 之前要先把 iterate 先載入進來。在 for 迴圈的機制當中，它一開始會先對 Iterable 呼叫 iterate 以取得一個值及狀態，在每次的迭代中，會將現在的狀態輸入給 iterate 並得到下一個值及狀態。我們讓 for 迴圈在一開始呼叫 iterate(iter::FibonacciIterable) 時，回傳值 iter.s0 及狀態 (iter.s0, iter.s1)。

In [11]:

```
iterate(iter::FibonacciIterable, state) = state[2], (state[2], state[1] + state[2])
```

Out[11]:

iterate (generic function with 199 methods)

在後續的呼叫中，讓 for 迴圈呼叫 iterate(iter::FibonacciIterable, state)，會根據狀態 state 回傳相對應的值 state[2] 以及新的狀態 (state[2], state[1] + state[2])。當結束的時候，iterate 需要回傳 nothing。這次的示範是一個不會停的費氏數列，因為它們是無限的。

In [12]:

```
or f in FibonacciIterable(0, 1)
    println(f)
    if f > 50
        break
    end
end
```

```
f
0
1
1
2
3
5
8
13
21
34
55
```

每一次 iterate(iter::FibonacciIterable, state) 給出的值就會是 for 迴圈中 f 的值。我們就完成了這樣的實作了！

值得注意的是 iterate 這個函式，一旦支援這個函式就等於有了 for 迴圈的支援。這樣的功能在撰寫一個套件或是框架上來說非常方便，你可以提供使用者一個介面，讓使用者實作這個介面，那麼使用者就可以獲得某些功能的支援。這麼做可以讓使用者獲得很大的自由度，擁有彈性的軟體就會是一個好的軟體。

6. 介面與實作

我們前面常常在提介面與實作，接下來就來詳細講解以下兩者的差異。

介面：

fly

實作：

```
fly(bird::Bird) = println("Bird flies.")

fly(airplane::Airplane) = println("Airplane flies.")
```

在 Julia 中，你可以簡單地把函式視為一種介面，這種介面是大家溝通的基礎，方法則是一種實作，因為它帶有實作的細節。我們來比較一下，在 fly 這個函式下，它並沒有任何實作的細節，對人類來說，它代表的是飛行這樣的概念，至於是要怎麼樣飛那是實作的事情。fly 可以有不同的實作版本，像是鳥會飛，飛機也會飛。實際上，它們兩者飛行的原理跟方式差異非常大，我們不可能將兩者視為同樣的實作方式。實作方法則是帶有參數及實作細節的。

如果提供一個共同的介面，這樣大家會比較容易溝通。我們可以提供一個空的 fly 函式，讓大家根據彼此不同的情境去設計各自飛行的方式，就有各自不同的實作。以往有些人為了區別不同型別之間的行為，刻意使用了不同的函式介面，像是 fly_ 及 fly，這麼做會讓某一個型別只能用其中一種函式，但是這麼做會讓溝通成本增加。一個不熟悉系統或是語言的初學者不會知道當飛機要飛的時候應該要呼叫哪一個函式，即便是熟悉系統或是語言的老手也有可能誤用。

程式語言，如同人類的自然語言一樣，對應不同的情境，同一個詞有不同意思。為了對應不同的情境，讓一個介面有不同版本的實作，可以減少溝通成本，也可以提供程式的多樣行為。

7. 案例研究：簡單點餐系統

　　現在我們來講講另一個研究案例，這次我們來實作一個簡單的點餐系統（point of service system, POS）。一個簡單的點餐系統需要客人的訂單 OrderList 以及品項 Item。Item 可以是很多種的東西，這時候我們讓它是一個抽象型別。接下來，OrderList 則是一個可以容納品項的集合容器。

In [13]:
```
abstract type Item end

struct OrderList
  item_list::Vector{Item}
  OrderList() = new(Item[])
end
```

　　值得強調的是，在 OrderList 中的欄位 item_list::Vector{Item} 是一個 Item 的向量。這麼設計的理由是，所有的 Item 種類都可以被放到這個容器當中，一旦有新的 Item 的子型別都可以被加入到其中。

　　接下來，我們來點蘋果跟香蕉作為品項。

In [14]:
```
struct Apple <: Item
  price
  Apple() = new(100)
end

struct Banana <: Item
  price
  Banana() = new(50)
end
```

　　有了品項之後，我們通常需要跟我們的訂單互動，像是增加品項到訂單中，或是將訂單中的品項金額加總，所以我們又實作了以下兩個方法：

In [15]:

```
add!(ol::OrderList, it::Item) = push!(ol.item_list, it)

function sum(ol::OrderList)
  s = 0
  for it in ol.item_list
    s += it.price
  end
  return s
end
```

Out[15]:
sum (generic function with 1 method)

我們實際來測試看看吧！

In [16]:

```
l = OrderList()
```

Out[16]:
OrderList(Item[])

In [17]:

```
add!(l, Apple())
```

Out[17]:
1-element Array{Item,1}:
 Apple(100)

In [18]:

```
add!(l, Apple())
add!(l, Apple())
add!(l, Banana())
add!(l, Banana())
```

Out[18]:
5-element Array{Item,1}:
 Apple(100)
 Apple(100)
 Apple(100)
 Banana(50)
 Banana(50)

In [19]:

```
sum(l)
```

Out[19]:
400

　　一個簡單的點餐系統就完成了！

8. 兩個體系

　　仔細瞧瞧，上面的 Item 是不是也有點像是一種介面呢？是的，它並沒有實作的內容，並且可以藉由成為它的子型別來得到支援，成為子型別的話就可以被當成品項的一種並被加入到訂單當中。我們發現像這樣的介面及抽象型別能夠大大增加軟體的彈性。

　　我們大可以把型別的關係，以及多型行為分別看成兩個體系。在型別系統面上，抽象型別都是可以被當成介面看待，而具體型別則是一種實作。在函式及方法這邊，函式是一種介面，方法是一種實作。這兩個體系會以方法的實作互相連結，方法的實作上標明了哪些型別可以被這個方法接受。兩個體系個別具有各自的自由度及彈性，不互相牽制。這讓 Julia 成為一個有彈性而優美的語言。

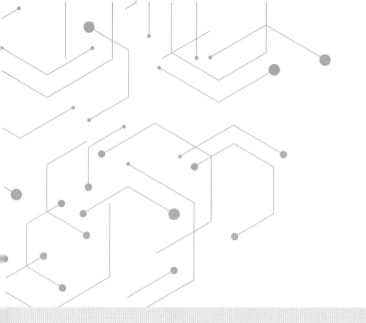

函數式程式設計

　　函數式程式設計是相對於結構式程式設計的另一個程式設計風格。函數式程式設計有許多令人讚賞的優點，像是可以輕易的組合、易於理解，以及易於修改。這些優點讓它在近年來愈來愈受到歡迎。

1. 神奇的 map

　　我們先來介紹一個函式叫作 map，如果你的手上有一批資料想做同樣的處理的時候怎麼辦呢？假設你有一堆數字，想得到它們的平方值，以往你需要一個 for 迴圈來幫你的忙，不過你可以這樣做：

In [1]:
```
map(x -> x^2, [1, 2, 3, 4, 5, 6, 7, 8])
```
Out[1]:
8-element Array{Int64,1}:
```
  1
  4
  9
 16
 25
 36
 49
 64
```

　　神奇吧！沒有任何的迴圈！到底是怎麼辦到的？

　　map 接受兩個參數，第一個參數是一個函式，是你想做的處理，像圖 17-1 就是我們想把它平方，所以筆者就給了一個匿名函式 x -> x^2，第二個參數則是一個集合容器，是你想處理的那批資料。map 會將集合容器中的每個元素取出，並且一一透過筆者所給定的函式，並且將結果蒐集起來。

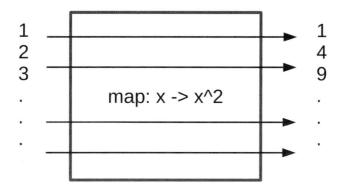

圖 17-1　利用 map 簡單把資料作相同處理

2. 函式是一級公民

　　在 Julia 中，函式是**一級公民 (first class citizen)**，也就是說，函式除了可以呼叫以外，還可以被當成參數傳進其他函式中，或是被當成回傳值從其他函式傳出來，甚至是被當成值指定給變數。有這樣的特性我們可以將它的能力發揮到淋漓盡致。像上面的例子就是將一個匿名函式作為參數傳遞給 map 函式，一個匿名函式是很好理解而且易於修改的，像是我們可以很輕易的將匿名函式修改成 x -> x + 2，它馬上就可以跑出不一樣的結果。

In [2]:

```
map(x -> x + 2, [1, 2, 3, 4, 5, 6, 7, 8])
```

Out[2]:
8-element Array{Int64,1}:
 3
 4
 5
 6
 7
 8
 9
 10

　　一般來說，為了方便，我們會使用匿名函式作為參數，不過它其實是可以接受任何形式的函式的。

In [3]:

```
function abc(x)
    x^2 + 2x + 1
end
```

Out[3]:
abc (generic function with 1 method)

In [4]:

```
map(abc, [1, 2, 3, 4, 5, 6, 7, 8])
```

Out[4]:
8-element Array{Int64,1}:
　4
　9
　16
　25
　36
　49
　64
　81

　　至於集合容器的部分也是，它可以接受眾多形式的集合容器，像是我們可以用數組，那麼回傳的集合容器就會是數組。

In [5]:

```
map(abc, (1, 2, 3, 4, 5, 6, 7, 8))
```

Out[5]:
(4, 9, 16, 25, 36, 49, 64, 81)

3. 高階函式

那些接受函式作為參數的函式，我們稱為高階函式。當然，如果一個函式會回傳函式也是這麼稱呼。這些高階函式有各種不同的變化，我們接下來就來介紹一些好用的高階函式。

▶ Filter

我們可以透過 filter 這個高階函式來幫我們濾掉我們不要的元素，像是：

In [6]:
```
filter(x -> x < 3, [1, 2, 3, 4, 5, 6, 7, 8])
```
Out[6]:
2-element Array{Int64,1}:
 1
 2

filter 這個高階函式需要兩個參數，第一個參數一樣是一個函式，這個函式需要去判斷到底哪些元素該留下，如果需要留下的元素，那麼它應該要回傳 true，反之則是 false。在我們的例子中（圖 17-2），x -> x < 3 會判斷 x 是否有小於 3，所以小於 3 的元素則會被留下，就這麼簡單。第二個參數如同 map 一樣是一個集合容器。

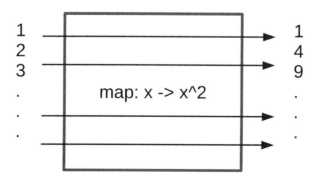

圖 17-2　filter 會判斷並篩選元素

如此一來，filter 就如同 if-else 的條件判斷功能。

▶ Reduce

接下來我們介紹一個特別而好用的高階函式：reduce，我們先來看它能做什麼。

In [7]:
```
reduce(+, [1, 2, 3, 4, 5, 6, 7, 8])
```
Out[7]:
36

reduce 函式幫我們把這些數字都加起來了！要理解 reduce 函式的作用並不困難，它的作用機制如圖 17-3：

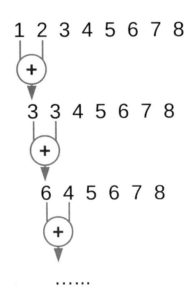

圖 17-3　reduce 函式作用機制

首先，reduce 函式會接受一個二元運算子或是一個兩個參數的函式作為第一個參數，然後它會將集合容器的第一級第二個元素取出來，並放進這個函式中，函式所得出來的結果會持續作為集合容器的第一個元素，如此不斷的將集合容器的元素都透過函式合併，最後會只剩下一個值，reduce 函式便會將那個值回傳。

這麼做，我們就可以得到累加的效果，如果需要累乘，我們可以把 + 改成 *：

In [8]:
```
reduce(*, [1, 2, 3, 4, 5, 6, 7, 8])
```
Out[8]:
40320

是不是很神奇呢？

4. 組合高階函式

函數式程式設計的威力並不在於這些高階函式，而是在於將這些高階函式加以組合，我們就可以寫出程式。像是我們可以將一批資料平方後相加：

In [9]:
```
reduce(+, map(x -> x^2, [1, 2, 3, 4, 5, 6, 7, 8]))
```
Out[9]:
204

或是你可以考慮使用它們的合體 mapreduce 函式：

In [10]:
```
mapreduce(x -> x^2, +, [1, 2, 3, 4, 5, 6, 7, 8])
```
Out[10]:
204

mapreduce 也是一種高階函式，它接受三個參數，第一個參數是跟應用 map 時相同的函式，第二個則是跟應用 reduce 時相同的函式，最後則是集合容器。

　　如果覺得準備資料很繁瑣，那你也可以使用 collect 來製造資料：

In [11]:
```
mapreduce(x -> x^2, +, collect(1:8))
```
Out[11]:
204

　　　你當然也可以任意組合其他高階函式：

In [12]:
```
reduce(+, filter(x -> x > 3, collect(1:8)))
```
Out[12]:
30

In [13]:
```
map(x -> x^2, filter(x -> x > 3, collect(1:8)))
```
Out[13]:
5-element Array{Int64,1}:
 16
 25
 36
 49
 64

In [14]:
```
reduce(+, map(x -> x^2, filter(x -> x > 3, collect(1:8))))
```
Out[14]:
190

5. 範例：資料處理

　　　我們在處理資料的時候，常常會需要用到很多層的迴圈或是條件判斷，我們如今可以用函數式程式設計的方式，重新架構程式。

In [15]:

```
data = """1,2,3,4
5,6,7,8
9,10,11,12"""
```

Out[15]:
"1,2,3,4\n5,6,7,8\n9,10,11,12"

In [16]:

```
map(x -> split(x, ','), split(data, '\n'))
```

Out[16]:
3-element Array{Array{SubString{String},1},1}:
 ["1", "2", "3", "4"]
 ["5", "6", "7", "8"]
 ["9", "10", "11", "12"]

　　接下來我們要想辦法處理一下字串的部分，希望它可以被解析成為整數。將字串解析成為整數的函式是 parse，我們可以用 parse(Int, x) 做，這樣可以把單一的 x 解析成為整數。不過要怎麼一次解析一批資料呢？我們可以用之前學過的向量化的技巧：

In [17]:

```
map(x -> parse.(Int, split(x, ',')), split(data, '\n'))
```

Out[17]:
3-element Array{Array{Int64,1},1}:
 [1, 2, 3, 4]
 [5, 6, 7, 8]
 [9, 10, 11, 12]

　　是不是一行就可以將很多事情一起處理乾淨了呢？

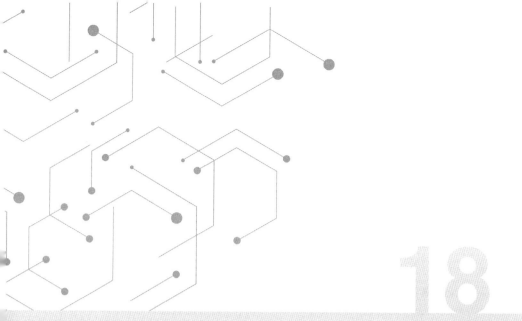

Macro 及 Metaprogramming

Metaprogramming 有別於前面介紹過的所有程式設計風格，是以一種全新的角度切入程式設計。我們都知道程式可以透過編譯器並執行，編譯器會將程式解析之後，並且透過一連串的最佳化手段將高階的程式碼轉成較低階的機器碼並執行。程式處理的是一系列的變數或是資料，經由程式的處理，程式會輸出處理的結果。程式本身是不是也可以被視為是一種資料，被其他程式處理呢？程式被撰寫在檔案中，是以文字的形式被記錄下來，而程式本身是可以處理字串的，我們是不是有辦法撰寫程式去處理程式呢？ Metaprogramming 就是以這樣獨特的視角去看待程式本身，也就是「code as data」的精神。我們接下來就來介紹在 Julia 裡怎麼去實作這樣的程式。

1. 程式語言

我們可以拿語言來描述很多事情，而程式語言也是一種語言。如果我們希望把程式當成一種資料進行處理的話，我們就需要知道它是怎麼被撰寫的？程式中是否隱含著什麼樣的結構在其中？這樣我們才能解析程式當中語言的結構。

就如同自然語言一般，程式是以字串的形式被記錄著。

In [1]:
```
"Today is Friday."
```
Out[1]:
```
"Today is Friday."
```

對於人類來說，我們可以理解這些字串當中每個字的意義。因為字串中的每個字有文法結構支撐著，所以如果我們了解文法結構的話，我們就有辦法解析以這個語言撰寫出來的句子。

In [2]:

```
a = "Today"
b = "Friday"
"$a is $b"
```

Out[2]:
"Today is Friday"

在上面的程式碼中，我們可以用內插的方式看到 a 跟 b 其實各自是一個字，我們可以去替換成其他的字，但是保有句子本身的結構。

|　我　|　是　|　人　|
|（主格）|（繫詞）|（受格）|

在中文裡，通常我們把它叫作句法或文法，所以這句的文法是什麼呢？

In [3]:

```
"$a is $b"
```

Out[3]:
"Today is Friday"

（主詞）（be 動詞）（受詞）

在英文裡，名詞可以是主詞，也可以是受詞，所以在以上的句子結構中，在主詞及受詞中填入任何名詞，文法都是可以成立的，但是語意上不一定成立喔！我們確認一下 a 跟 b 這兩個字的詞性：

In [4]:

```
a # 名詞
```

Out[4]:
"Today"

In [5]:

```
b # 名詞
```

Out[5]:
"Friday"

太棒了！我們成功解析了自然語言中的文法結構，我們來看看在程式當中這些分別代表什麼。在自然語言中的句子，會對應到程式語言中的表達式。在自然語言中的文法，也會對應到程式語言當中的文法。那麼詞性呢？詞性其實對應到程式語言當中的型別了。我們來看看以下的例子：

In [6]:

```
1 + 1
```

Out[6]:
2

In [7]:

```
1 + "1"
```

MethodError: no method matching +(::Int64, ::String)
Closest candidates are:
 +(::Any, ::Any, !Matched::Any, !Matched::Any...) at operators.jl:502
 +(::T<:Union{Int128, Int16, Int32, Int64, Int8, UInt128, UInt16, UInt32, UInt64, UInt8}, !Matched::T<:Union{Int128, Int16, Int32, Int64, Int8, UInt128, UInt16, UInt32, UInt64, UInt8}) where T<:Union{Int128, Int16, Int32, Int64, Int8, UInt128, UInt16, UInt32, UInt64, UInt8} at int.jl:53
 +(::Union{Int16, Int32, Int64, Int8}, !Matched::BigInt) at gmp.jl:447
 ...

Stacktrace:
 [1] top-level scope at In[7]:1

你會發現在加法的規則（文法）裡，兩邊的運算元必須要是數字才行。數字不就是一種型別（詞性）嗎？加法允許數字之間的相加，但是不允許數字跟字串之間的相加，所以一旦改變了型別（詞性），Julia 編譯器就會告訴你錯了！哇！那 Julia 編譯器不就相當是一個文法檢查器了嗎！

那麼程式語言當中的值又是對應自然語言當中的什麼呢？值會對應到自然語言當中的語意，但是在自然語言中的語意很多時候不是定義清楚的，所以並不是完全的對應。

2.Symbol 和 Expr

我們接下來就來看看要如何解析 Julia 的程式吧！假設我們有一個表達式的片段 "x = 5"，目前為止它是一個字串，我們要如何讓程式可以理解它呢？只需要兩個步驟：Meta.parse 及 eval。

Meta.parse 會將一個字串當中的程式碼做解析，解析之後就可以交給 eval 去執行這個程式碼。在目前的環境中，我們並沒有指定任何的值給 x，一旦我們執行這個程式碼片段的話，我們就可以在環境中找到 x 的值。我們試試看吧！

In [8]:
```
code = "x = 5"
unknown = Meta.parse(code)
eval(unknown)
```
Out[8]:
5

In [9]:
```
 x
```
Out[9]:
5

是真的呢！好神奇喔！它到底是怎麼做到的呢？

▶ Symbol

首先，在解析程式碼的過程中有非常多個步驟，其中一個步驟就是將程式碼中有意義的**字符（token）**分離出來，像是 "x = 5" 就會被處理成 x、=、5 三個單詞，這三個單詞有各自不同的意義。

單詞在 Julia 中所對應的概念，我們稱為 Symbol，是的，它就是一個符號而已，至於符號有沒有意義或是有什麼意義，目前電腦不會知道。英文單字是由**英文字母（alphabet）**組成的，Symbol 則是由你鍵盤上的鍵組成的！

如果要獨立指定一個 Symbol，我們可以這麼做：

In [10]:
```
:a
```
Out[10]:
:a

In [11]:
```
typeof(:a)
```
Out[11]:
Symbol

我們可以看到如果在一個 a 前面加上一個 :，它就是一個 Symbol。或是你可以這樣宣告一個 Symbol：

In [12]:
```
Symbol("x")
```
Out[12]:
:x

其實這兩個方式所產生出來的 Symbol 並沒有什麼差別。

In [13]:
```
:a == Symbol("a")
```
Out[13]:
true

在剛剛的 "x = 5" 的例子中，我們會有這三種 Symbol：

In [14]:
```
:x
```
Out[14]:
:x

In [15]:
```
:(=)
```
Out[15]:
:(=)

In [16]:
```
:5
```
Out[16]:
5

你會發現在數字的部分，:5 跟數字 5 其實是一樣的。

In [17]:
```
5 == :5
```
Out[17]:
true

▶ Expr

表達式可以被解析成由多個 Symbol 組合而成的資料結構，這種資料結構稱為 Expr，也就是**表達式（expression）**的意思。

In [18]:
```
expr = Meta.parse("a = 1")
```
Out[18]:
:(a = 1)

或是你將一個表達式放在 :() 當中，也有一樣的效果。

In [19]:
```
:(a = 1)
```
Out[19]:
:(a = 1)

我們來看看一個 Expr 裡面有哪些東西：

In [20]:
```
 expr.head
```
Out[20]:
:(=)

In [21]:

```
expr.args
```

Out[21]:
2-element Array{Any,1}:
 :a
 1

　　一個 Expr 中會有兩個欄位，分別是 head 及 args，head 代表的是整個表達式的頭，也就是整個表達式運算的所在，而 args 代表的是表達式運算所需要的參數。從這個例子我們可以看到，這個表達式主要是要將 1 指定給 a，而指定這個動作就是整個表達式的運算，a 跟 1 則是它的參數。我們一般會把這個表達式畫成如圖 18-1 的樹狀結構：

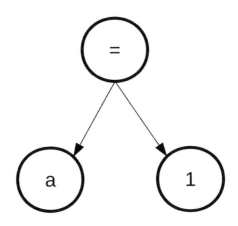

圖 18-1　將表達式轉成樹狀結構

　　樹狀結構會以 head 作為樹的根部，以 args 作為 head 的子節點。如此一來，我們可以將一個表達式轉成一個樹狀的資料結構或是將它以樹狀的圖示來表示。比較正規的表示方式會以 S-expression 的方式表示：

In [22]:

```
Meta.show_sexpr(expr)
```

(:(=), :a, 1)

　　S-expression 的方式會將 head 擺在最前面，有點類似函式的形式。
或是想要一次看所有的資訊也可以用 dump：

In [23]:
```
dump(expr)
```
```
Expr
  head: Symbol =
  args: Array{Any}((2,))
    1: Symbol a
    2: Int64 1
```

　　當一個表達式被解析成 Expr 之後，Expr 是可以執行的！

In [24]:
```
 eval(expr)
```
Out[24]:
1

　　我們可以將一個 Expr 丟到 eval 去執行。

In [25]:
```
 a
```
Out[25]:
1

　　結果就如同一般在執行 a = 1 一樣！是不是很神奇呢？我們接下來再
來看一個比較複雜的例子。

In [26]:
```
expr = Meta.parse("x = 5 * 3 + 1")
```
Out[26]:
:(x = 5 * 3 + 1)

In [27]:
```
Meta.show_sexpr(expr)
```
(:(=), :x, (:call, :+, (:call, :*, 5, 3), 1))

In [28]:

```
dump(expr)
```

```
Expr
 head: Symbol =
 args: Array{Any}((2,))
  1: Symbol x
  2: Expr
   head: Symbol call
   args: Array{Any}((3,))
    1: Symbol +
    2: Expr
     head: Symbol call
     args: Array{Any}((3,))
      1: Symbol *
      2: Int64 5
      3: Int64 3
    3: Int64 1
```

在這個例子中，一個樹狀結構下又有其他的樹狀結構，以圖表示的話就像圖 18-2：

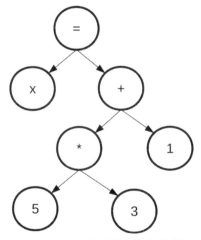

圖 18-2　複雜的樹狀結構

在計算這個樹狀結構的時候會先從最底下的算起，所以 5 * 3 會先被計算，接著才是＋1的部分，直到抵達樹狀結構的根部。

In [29]:
```
eval(expr)
```
Out[29]:
16

In [30]:
```
 x
```
Out[30]:
16

3.Macro

　　當我們了解整個程式碼的解析機制之後，我們可以去修改 Expr 中的內容，然後執行，這樣我們就可以達到程式設計的效果。Macro 提供你一個非常好的機制，讓你可以寫程式去產生程式！我們先來看看簡單的 macro 範例：

In [31]:
```
 macro sayhello()
   return :( println("Hello, world!") )
 end
```
Out[31]:
@sayhello (macro with 1 method)

小叮嚀

命名指南：macro 請用小寫加上底線的寫法。

　　一個 macro 的宣告需要以 macro 關鍵字作為開頭，以 end 作為結尾。整體上跟函式的宣告非常相似，它也需要一個名稱及參數，這邊先不需要給任何參數。需要注意的是它的回傳值，macro 在處理的是 Expr，所以它回傳的也要是一個 Expr！在這邊我們先讓它固定回傳 :(println("Hello, world!")) 這個 Expr。

　　呼叫 macro 的方法是 @sayhello，需要在 macro 的名稱前方加上 @，可以不加 ()。

In [32]:
```
@sayhello
```
Hello, world!

　　當 macro 被呼叫之後，你會發現它執行了 Expr 中的內容。這樣的效果跟我們先前執行過的流程很像，假設我們有一段程式碼：

In [33]:
```
sentence = """println("Hello, world!")"""
```
Out[33]:
"println(\"Hello, world!\")"

In [34]:
```
expr = Meta.parse(sentence)
```
Out[34]:
:(println("Hello, world!"))

In [35]:
```
eval(expr)
```
Hello, world!

　　差別在於 macro 可以不用去做程式碼的解析，它只需要在 macro 的區塊中產生出一個 Expr 即可。當 macro 回傳一個 Expr 的時候，它會自動地去呼叫 eval，所以當中的表達式就會被執行。

　　我們來幫 macro 加入一個參數，當參數要嵌入在一個 Expr 中的時候，變數的前面要加上一個 $ 來代表它是一個變數。

In [36]:

```
macro sayhello(name)
  return :( println("Hello,", $name) )
end
```

Out[36]:
@sayhello (macro with 2 methods)

當我們要呼叫有參數的 macro 時，我們只需要將參數依序放在 macro 之後，並且用空白隔開。

In [37]:

```
@sayhello "Bob"
```

Hello,Bob

這樣我們就可以設計方便的 macro，以供我們重組 Expr 並且執行。最後，我們來做點更進階有趣的事。

4. 程式碼生成

以往，我們如果想要做這樣的事情：

In [38]:

```
for i = 1:3
  println("Do A ", i, " time.")
end

for i = 1:5
  println("Do B ", i, " time.")
end

for i = 1:7
  println("Do C ", i, " time.")
end
```

```
Do A 1 time.
Do A 2 time.
Do A 3 time.
Do B 1 time.
Do B 2 time.
Do B 3 time.
Do B 4 time.
Do B 5 time.
Do C 1 time.
Do C 2 time.
Do C 3 time.
Do C 4 time.
Do C 5 time.
Do C 6 time.
Do C 7 time.
```

　　我們需要很繁瑣的重複很多次 for 迴圈，有時候會希望有一個更大的 for 迴圈在外面做這件事。我們可以將單一個 for 迴圈寫成一個 macro，然後讓一個更外層的 for 迴圈去重複呼叫 macro。

In [39]:

```
macro foo(thing, times)
  return quote
    for i = 1:$times
      println("Do ", $thing, " ", i, " time.")
    end
  end
end
```

Out[39]:
@foo (macro with 1 method)

　　在多行程式碼的情境，可以用 quote ... end 來取代 :()。

In [40]:

```
@foo "A" 3
```

```
Do A 1 time.
Do A 2 time.
Do A 3 time.
```

我們完成了單一次的 for 迴圈，我們可以重複執行很多次 macro，這樣可以達到我們要的效果。

In [41]:

```
@foo "A" 3
@foo "B" 5
@foo "C" 7
```

```
Do A 1 time.
Do A 2 time.
Do A 3 time.
Do B 1 time.
Do B 2 time.
Do B 3 time.
Do B 4 time.
Do B 5 time.
Do C 1 time.
Do C 2 time.
Do C 3 time.
Do C 4 time.
Do C 5 time.
Do C 6 time.
Do C 7 time.
```

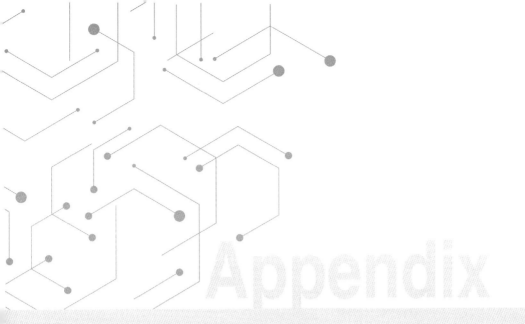

附錄

1. 參考資料與學習資源

　　由於 Julia 是較年輕的語言，並沒有太多的網路資源。這邊筆者整理了參考資料及學習資源：

▶ **Julia 英文資源：**

1.Julia 官方文件（https://docs.julialang.org/en/v1/）：查詢語法。

2.Julia 官方論壇（https://discourse.julialang.org/）：有問題可以到論壇上提問。

3.Julia slack 討論區： ID：julialang，需先取得邀請（https://slackinvite.julialang.org/），可以聊天。

4.Julia blog（https://julialang.org/blog/）：官方部落格，有不少好文章會在這裡。

5.Julia gitter（https://gitter.im/JuliaLang/julia）：可以到聊天室提問，會有不少套件開發者在這裡。

6.Julia learning（https://julialang.org/learning/）：官方整理的學習資源。

▶ **Julia 中文資源：**

1.Julia Taiwan（https://www.facebook.com/groups/JuliaTaiwan/）：Julia 台灣使用者社群。

2.Julian News（https://www.facebook.com/juliannewstw/）：新知發布平台。

▶ **套件相關資源：**

1. 套件瀏覽器（https://juliaobserver.com/）：由官方提供給大家的套件搜尋平台。

2.Julia.jl（https://github.com/svaksha/Julia.jl）：由使用者整理並分類的套件。

2. 運算子優先權表

表 19-1　運算子優先權表

優先權	種類	運算子
高	語法	. followed by ::
∨	指數	^
∨	單元運算	+, -, $\sqrt{\ }$
∨	位元位移	<<, >>, >>>
∨	分數	//
∨	乘法	*, /, \%, \
∨	加法	+, -, |,
∨	語法	:, ..
∨	語法	|>
∨	語法	<|
∨	比較	>, <, >=, <=, ==, ===, !=, !==, <:
∨	控制流程	&& followed by || followed by ?
∨	配對	=>
低	指定	=, +=, -=, *=, /=, //=, \=, ^=, ÷=, %=, |=, &=, =, <<=, >>=, >>>=

3.ASCII 字碼介紹與字碼表

　　ASCII（American Standard Code for Information Interchange，美國資訊交換標準程式碼）是基於拉丁字母的一套電腦編碼系統。至今共定義了 128 個字元。以下字碼表取自維基百科 - ASCII 條目。

表 19-2　控制字元

二進位	十進位	十六進位	跳脫字元表示法	名稱／意義
0000 0000	0	0	^@	空字元（Null）
0000 0001	1	1	^A	標題開始

續表 19-2

二進位	十進位	十六進位	跳脫字元表示法	名稱／意義
0000 0010	2	2	^B	本文開始
0000 0011	3	3	^C	本文結束
0000 0100	4	4	^D	傳輸結束
0000 0101	5	5	^E	請求
0000 0110	6	6	^F	確認回應
0000 0111	7	7	^G	響鈴
0000 1000	8	8	^H	退格
0000 1001	9	9	^I	水平定位符號
0000 1010	10	0A	^J	換行鍵
0000 1011	11	0B	^K	垂直定位符號
0000 1100	12	0C	^L	換頁鍵
0000 1101	13	0D	^M	CR（字元）
0000 1110	14	0E	^N	取消變換（Shift out)
0000 1111	15	0F	^O	啟用變換（Shift in)
0001 0000	16	10	^P	跳出資料通訊
0001 0001	17	11	^Q	裝置控制一 (XON 啟用軟體速度控制)
0001 0010	18	12	^R	裝置控制二
0001 0011	19	13	^S	裝置控制三 (XOFF 停用軟體速度控制)
0001 0100	20	14	^T	裝置控制四
0001 0101	21	15	^U	確認失敗回應
0001 0110	22	16	^V	同步用暫停
0001 0111	23	17	^W	區段傳輸結束
0001 1000	24	18	^X	取消
0001 1001	25	19	^Y	連線媒介中斷
0001 1010	26	1A	^Z	替換
0001 1011	27	1B	^[	登出鍵
0001 1100	28	1C	^\	檔案分割符

續表 19-2

二進位	十進位	十六進位	跳脫字元表示法	名稱／意義
0001 1101	29	1D	^]	群組分隔符
0001 1110	30	1E	^^	記錄分隔符
0001 1111	31	1F	^_	單元分隔符
0111 1111	127	7F	^?	刪除

表 19-3　可顯示字元

二進位	十進位	十六進位	圖形
0010 0000	32	20	(space)
0010 0001	33	21	!
0010 0010	34	22	"
0010 0011	35	23	#
0010 0100	36	24	$
0010 0101	37	25	%
0010 0110	38	26	&
0010 0111	39	27	'
0010 1000	40	28	(
0010 1001	41	29	)
0010 1010	42	2A	*
0010 1011	43	2B	+
0010 1100	44	2C	,
0010 1101	45	2D	-
0010 1110	46	2E	.
0010 1111	47	2F	/
0011 0000	48	30	0
0011 0001	49	31	1
0011 0010	50	32	2
0011 0011	51	33	3
0011 0100	52	34	4
0011 0101	53	35	5

續表 19-3

二進位	十進位	十六進位	圖形
0011 0110	54	36	6
0011 0111	55	37	7
0011 1000	56	38	8
0011 1001	57	39	9
0011 1010	58	3A	:
0011 1011	59	3B	;
0011 1100	60	3C	<
0011 1101	61	3D	=
0011 1110	62	3E	>
0011 1111	63	3F	?
0100 0000	64	40	@
0100 0001	65	41	A
0100 0010	66	42	B
0100 0011	67	43	C
0100 0100	68	44	D
0100 0101	69	45	E
0100 0110	70	46	F
0100 0111	71	47	G
0100 1000	72	48	H
0100 1001	73	49	I
0100 1010	74	4A	J
0100 1011	75	4B	K
0100 1100	76	4C	L
0100 1101	77	4D	M
0100 1110	78	4E	N
0100 1111	79	4F	O
0101 0000	80	50	P
0101 0001	81	51	Q
0101 0010	82	52	R
0101 0011	83	53	S

續表 19-3

二進位	十進位	十六進位	圖形
0101 0100	84	54	T
0101 0101	85	55	U
0101 0110	86	56	V
0101 0111	87	57	W
0101 1000	88	58	X
0101 1001	89	59	Y
0101 1010	90	5A	Z
0101 1011	91	5B	[
0101 1100	92	5C	\
0101 1101	93	5D	]
0101 1110	94	5E	^
0101 1111	95	5F	_
0110 0000	96	60	`
0110 0001	97	61	a
0110 0010	98	62	b
0110 0011	99	63	c
0110 0100	100	64	d
0110 0101	101	65	e
0110 0110	102	66	f
0110 0111	103	67	g
0110 1000	104	68	h
0110 1001	105	69	i
0110 1010	106	6A	j
0110 1011	107	6B	k
0110 1100	108	6C	l
0110 1101	109	6D	m
0110 1110	110	6E	n
0110 1111	111	6F	o
0111 0000	112	70	p
0111 0001	113	71	q

續表 19-3

二進位	十進位	十六進位	圖形
0111 0010	114	72	r
0111 0011	115	73	s
0111 0100	116	74	t
0111 0101	117	75	u
0111 0110	118	76	v
0111 0111	119	77	w
0111 1000	120	78	x
0111 1001	121	79	y
0111 1010	122	7A	z
0111 1011	123	7B	{
0111 1100	124	7C	l
0111 1101	125	7D	}
0111 1110	126	7E	~

4. 跳脫字元表

表 19-4　跳脫字元表

跳脫字元	意義
\'	單引號
\"	雙引號
\	反斜線
\n	換行符號
\r	確認鍵（Enter 鍵）
\t	定位字元（tab）
\b	空白字元
\f	跳頁字元
\v	垂直定位字元
\0	空字元

國家圖書館出版品預行編目資料

Julia程式設計：新世代資料科學與數值運算語
言／杜岳華，胡筱薇著. -- 二版. -- 台北市：
五南, 2019.06
　　面；　公分.

ISBN 978-957-763-382-8(平裝)

1. Julia(電腦程式語言)

312.32 J8　　　　　　　　　　108005089

1HAF

Julia程式設計：

新世代資料科學與數值運算語言

作　　　者 ― 杜岳華、胡筱薇

發 行 人 ― 楊榮川

總 經 理 ― 楊士清

總 編 輯 ― 楊秀麗

副總編輯 ― 張毓芬

責任編輯 ― 紀易慧

文字校對 ― 許宸瑞、黃志誠

封面設計 ― 姚孝慈

出 版 者 ― 五南圖書出版股份有限公司

地　　　址：台北市和平東路二段339號4樓

電　　　話：(02) 27055066　傳真 (02) 27066100

郵撥帳號：01068953

網　　　址：http://www.wunan.com.tw/

電子郵件：wunan@wunan.com.tw

戶　　　名：五南圖書出版股份有限公司

法律顧問　林勝安律師事務所　林勝安律師

出版日期　2018年12月初版一刷
　　　　　2019年 3 月初版二刷
　　　　　2019年 6 月二版一刷

定　　　價　新台幣500元